本书获广东省高等学校教学质量与教学改革工程"生物科学特色专业"项目经费资助

《生物学微格教学训练指南》编委会

主　　编：刁俊明　　廖富林

副主编：吴利平　　朱远平　　刘惠娜

编　　委：（以姓氏笔画为序）

刁俊明　　朱远平　　刘惠娜　　许良政

李建和　　李威娜　　吴利平　　郑清梅

黄思梅　　黄勋和　　温茹淑　　廖富林

Microteaching
Training Guide of
Biology

生物学
微格教学训练指南

刁俊明　廖富林◎主编

暨南大学出版社
JINAN UNIVERSITY PRESS

中国·广州

图书在版编目（CIP）数据

生物学微格教学训练指南/刁俊明，廖富林主编．—广州：暨南大学出版社，2014.12
（2021.1 重印）
ISBN 978 - 7 - 5668 - 1300 - 8

Ⅰ.①生…　Ⅱ.①刁…②廖…　Ⅲ.①生物学—微格教学—教学研究　Ⅳ.①Q - 4

中国版本图书馆 CIP 数据核字（2014）第 287442 号

生物学微格教学训练指南
SHENGWUXUE WEIGE JIAOXUE XUNLIAN ZHINAN
主　编：刁俊明　廖富林

- -

出 版 人：张晋升
责任编辑：张仲玲
责任编辑：黄　颖　黄志波
责任校对：何　力
责任印制：汤慧君　周一丹

出版发行：暨南大学出版社　（510630）
电　　话：总编室（8620）85221601
　　　　　营销部（8620）85225284　85228291　85228292　85226712
传　　真：（8620）85221583（办公室）　85223774（营销部）
网　　址：http://www.jnupress.com
排　　版：广州市天河星辰文化发展部照排中心
印　　刷：佛山市浩文彩色印刷有限公司
开　　本：787mm×960mm　1/16
印　　张：13.25
字　　数：250 千
版　　次：2014 年 12 月第 1 版
印　　次：2021 年 1 月第 2 次
定　　价：38.00 元

前　言

　　微格教学作为培训教师教学技能的有效方法，已受到广大师生的欢迎。现在，我国各类师范院校都建有微格教室，要求师范生在实习之前必须接受微格训练，掌握和提高教学基本技能。尽管各院校都在努力探索有效提高微格教学训练质量的模式和方法，但目前未见实用性和针对性较强的微格教学训练指南，与现行教学要求和人才培养的目标不相适应。

　　生物学微格教学是生物师范教育中一门重要的专业必修课，内容涉及教师在教学中的基本教学技能。教学技能是师范院校学生的教师职业技能的重要组成部分，是师范生提高从师任教素质的必修教学内容。本书以培养创新型生物教师为目标，创新微格教学训练模式，在总结多年生物学微格教学实践和参考各院校微格教学训练大纲的基础上编写而成，充分反映当前微格教学改革和发展的新思路。

　　本书是一本通过综合性模块训练，指导学生自主参与微格教学的训练教材，具有以下特点：

　　（1）创新微格教学训练内容和模式，以专题形式安排了6个综合性模块训练，编入项目22个，内容包括学习微格教学、备课技能、生物学微格教学专题训练、生物学微格教学训练评价、微格教学"常见病"分析及其矫正、生物学微格教学的考核和成绩评定。通过具体的案例来学习、训练基本教学技能，使师范院校学生能根据教学任务和中学生的特点把教学技能综合应用于教学实践。

　　（2）力图体现微格教学训练的可操作性、实用性和针对性，注重为师范院校学生将来成为一名创新型生物教师奠定良好的基础，并帮助在职生物教师提高教学能力。每个训练项目包括训练目的、训练内容、训练方法、训练作业和思考题。

　　（3）总结出微格教学训练中常见的问题及产生的原因，提出了解决问题的对策。列表总结教学技能"常见病"分析及其矫正方法，指导性和针对性较强，有利于师范院校学生在教学实践中自觉纠正不良的教学技能行为。

（4）采用量化方法进行微格教学训练的评价、微格教学的考核和成绩评定。

本书可供师范院校生物科学（师范）专业学生、学科教学论专业研究生使用，也可供在职的中学生物学教师参考。

本书的出版得到了嘉应学院等院校、书中所引资料的作者和暨南大学出版社的大力支持和帮助。编者在此谨致以诚挚的谢意！

由于编写时间仓促，且限于编者水平，书中难免会有错漏，不妥之处，敬请方家赐正。

编　者

2014 年 9 月

目　录

模块 1　学习微格教学

（1）掌握微格教学的一般程序和微格教学设计的要求。
（2）能编写微格教学教案，并且进行微格教学训练。

项目 1　微格教学的一般程序

掌握微格教学的一般程序。

一、微格教学的概念

微格教学（microteaching）形成于美国 20 世纪 60 年代的教育改革运动，它是一种运用教育技术手段来培训师范生和在职教师教学技能的方法，是随着科学技术的发展、视听设备和信息技术广泛应用于教学而形成的一种教学方法。这种方法于 1963 年首先在美国斯坦福大学开始运用，随后传到英国、澳大利亚以至世界各国。我国在 20 世纪 80 年代中期引入微格教学方法，并首先在北京教育学院展开研究与实践。微格教学作为培训教师教学技能的有效方法，很快受到了广大教师的欢迎。它在我国又称为"微型教学"、"微观教学"、"小型教学"等，用得较多的是"微格教学"这一说法。现在，我国各类师范院校都建有微格教室。各师范院校要求师范生在实习之前必须接受微格训练，这是目前师范生在校期间迅速掌握和提高教学基本技能的最有效途径。

二、微格教学的一般程序

微格教学一般包括以下几个步骤：

1. 事前的学习

学习内容包括：教学设计、教学目标分类、教材分析、教学技能分类、课堂教学观察方法、教学评价与学习者的特点等。

2. 确定训练技能和编写教案

把课堂教学分为不同的单项教学技能分别进行训练，每次只训练一两个技能以便容易掌握，如导入、教学语言、讲解、提问、变化、强化、演示、板书、结束和组织十个技能。

教案根据教学技能选择恰当的教学内容，围绕设定的教学目标进行教学设计并写出教案。微格教学教案不同于一般教案，要详细说明教师的教学行为（所应用的技能）和学生的学习行为（包括预想的反应）等。

3. 提供示范

利用录像或角色扮演对所要训练的技能进行示范。示范既可以是正面典型，也可以是反面典型，还可以对照使用，不过一般以正面为主。

4. 微格教学实践

（1）组成微格课堂。教师角色由受训者扮演，学生角色由受训者的同学或真实的学生来扮演，教学评价人员是受训者的同学或指导教师。

（2）角色扮演。受训者选取一堂课的一部分内容进行教学，练习一两种教学技能，一般花费 10~15 分钟。教学前要先作简短说明以便"学生"明确以下内容：训练技能、教学内容、教学设计思想等。

（3）准确记录。一般用录像的方式记录，也可以用录音或文字记录，不过录像有更及时、真实、有效等优点。

5. 反馈评价

（1）重放录像。可及时获得反馈信息。角色扮演结束后要及时重放录像，教师角色、学生角色、评价人员和指导教师一起观看，以便进一步观察受训者达到培训目标的程度。

（2）自我分析。看过录像后，教师角色要进行自我分析，检查教学过程中是否达到了自己所设定的目标，是否掌握了所培训的教学技能，并找出存在的问题。

（3）讨论评价。学生角色、评价人员、指导教师要从各自的角度来评价实践过程，讨论受训者存在的问题，并指出努力的方向。

6. 修改教案

根据自我分析和讨论评价中指出的问题对教案进行修改，受训者进入再循环或者进入教学实习阶段。

训练方法

采用现场训练方法。即要求指导教师在微格教室现场讲解微格教学的各个步骤，说明微格教室的组成，指出需要注意的问题等。要求微格小组（5~8人）的每位学生了解微格教学录像设备和掌握其操作方法。

训练作业

说出微格教学的一般程序。

思考题

如果你是教师角色，想一想你在微格教学训练中需要做好哪些工作。

项目 2　微格教学的教学设计

训练目的

掌握微格教学设计的具体要求。

训练内容

教学设计是微格教学过程中的一个重要环节，也是学习者实践的开始。

课堂教学系统是由相互联系、相互作用的多种要素构成的。教学设计要将各个要素协调形成一个整体，制定出切实可行的分析研究方法和解决问题的步骤，做出全部计划。微格教学实践系统包括执教者、学生、教材、教学媒体及教学环境等要素。该系统启动后的主要功能是通过各要素间相互作用而进行学科知识技能的信息传递。要使系统功能得到有效发挥，教学方案得到优化，微格教学的设计是至关重要的。现代课堂教学设计更多地强调师生间的相互作用，注重调动教学系统各要素的能动作用，即执教老师要有效地运用各项课堂教学技能，激发、促进学生的学习，培养学生的能力并发展学生的智力。

微格教学教案设计的具体项目有：

（1）教学目标。教学目标要符合新课程要求，切合学生实际，制定得具体细致，以便随时检查这些教学目标的完成情况。目标不可定得太高，否则会因无法达到而挫伤学生的积极性。

（2）教学过程。教学过程包括教师的"教"和学生的"学"两方面。教师的"教"就是教师根据一定的教学任务和学生的身心发展状况，通过导入、讲解、提问、板书、演示等技能方式去指导学生学习；学生的"学"就是通过听讲、观察、讨论、实验、阅读、练习等学习活动，掌握知识和技能，并发展认知能力、思维能力、创造能力。在这个过程中，教师起着主导作用，学生是主体。所以教师设计的课堂教学过程不能千篇一律，也不宜完全照搬"标准"教案。教师应该根据不同的教学情境和教学内容，同时考虑到学生的知识基础和智力发展水平，选择适当的教学方法，并加以灵活运用。

（3）教学创新。教师进行教学创新包括以下内容：①内容创新。教学情境创设独特，教学内容理解独特。②手段创新。实验手段设计效果显著，教具、多媒体课件设计、现代教育技术应用等有创意。③形式创新。课堂教学活动组织、实施有特色等。

（4）时间分配。微格教学的教案通常限10分钟左右，在设计时要仔细估算每一种教学行为所用的时间，这对于师范生尤为重要，有利于他们今后在实际教学中掌握好课堂教学时间。

（5）检验设计内容。当微格教案初步设计完成，受训者先自我检验，再交给指导教师批阅。指导教师从中了解受训者前一阶段的学习情况，了解对课堂教学技能的理解程度。在接受了这些信息反馈的前提下，在尊重受训者意见的基础上，参与者共同进行科学的讨论分析，提出改进意见和建议，使微格教学的教案设计更趋完善，更符合微格教学的特点。

训练方法

采用实例讲解法。要求指导教师展示生物学微格教学设计实例，讲解微格教学设计的具体要求，说明微格教学设计的要点。

训练作业

说出微格教学设计的具体要求。

思考题

想一想在微格教学训练中该如何进行教学创新。

项目 3　微格教学教案编写

训练目的

熟悉微格教学教案的格式与结构，掌握微格教学教案编写的要求。

训练内容

1. 微格教学教案编写的格式与结构要求

微格教学的教案，其格式有多种（详见微格教学教案实例）。其结构内容主要有主讲教师、讲课日期、课题、训练技能、教学目标、教具、教学重点和教学难点、教师教学行为、学生学习行为、教学技能和时间分配及设计思路说明等。

教学目标即学习目标，指学生在教学后的最终学习行为，目标的陈述要符合行为目标编写的要求，简明、具体，便于观察和监测。

时间分配指预设授课行为和学习行为所持续的时间。

教师教学行为要求将讲授、演示、板书和提问的具体内容与教师的活动等，依次按教学进程的顺序进行陈述，以利于受训者有计划地按照程序进行微格课堂教学。

学生学习行为是指预设学生在教学进程中将产生的学习行为，如回答、观察、活动和练习等。

教学技能指在相应的教学进程中标明所使用的教学技巧，以便受训者能有计划地运用。

设计思路说明要求能简要阐明教学理念、教学策略、教学效果和教学创新等。

2. 微格教学教案编写的要求

微格教学教案的编制应体现以下要求：

（1）遵循一般教案编写的要求。微格教学作为一种训练系统，其教案的格式和结构有其特殊之处，但是作为教学方案的设计蓝图，则与一般教案具有共性，即科学性、规范性、适用性、简明性等。

（2）便于课堂操作，便于检查。教案的编写要展现预计的教学过程，安排好怎样教和怎样学。这样做，既便于受训者对课堂运行的操作，也易于检查教案的不足之处。

训练方法

采用实例讲解法。要求指导教师展示生物学微格教学教案设计实例，讲解微格教学教案编写的具体要求，说明微格教学教案编写的要点。

训练作业

选择一个教学片段内容（5~10分钟），编写一个生物学微格教学教案。

思考题

想一想你编写的微格教学教案是否体现了科学性、规范性、适用性和简明性等特点，教学过程是否有创新性。

项目4　微格教学教案实例

训练目的

学习微格教学教案优秀案例，说出各个微格教学教案实例的特点。

教案实例

表1-1　生物微格教学教案设计一

姓名	卢洁怡	学校	嘉应学院
指导教师	刁俊明	时长	10分钟
片段题目	必修2　第四章　第一节　基因指导蛋白质的合成（二）　遗传信息的翻译过程	重点展示技能类型	导入技能、讲解技能、演示技能
学习目标	【知识目标】 概述遗传信息的翻译过程。 【能力目标】 培养和发展学生的观察识图、分析归纳和推理判断的能力。 【情感目标】 通过遗传信息翻译的协作学习，树立团队合作精神，让学生亲身演绎翻译的过程，体验基因表达过程的和谐美、逻辑美。		

（续上表）

	教学过程		
时间	教师行为	预设学生行为	教学技能要素
1.5 分钟	导入新课： 基于上节课所学的转录和遗传密码是本节新课的基础，因此本节课采用"原有知识导入法"和"情境导入法"导入新课。 （1）导入方法：原有知识导入法之提问式复习。 （2）导入过程：借助多媒体课件引导学生回忆上节课转录和遗传密码的内容要点，教师运用引导式语言带领同学们进行概括性的复习。 （3）情境问题导入：遗传信息进入细胞质后，细胞是如何将其解读为蛋白质的氨基酸序列呢？ 板书： 第一节 基因指导蛋白质的合成（二） 遗传信息的翻译过程 一、tRNA 的结构和作用	温故而知新，并且带着好奇心进入新课的学习。 在教师的引导下进行思考、回答，总结原有知识。 学生带着问题思考："是什么将游离在细胞质的氨基酸，运送到核糖体上的呢？"	◆导入技能 （原有知识导入法）： 注意引导学生温故知新。以复习、提问等教学活动开始，提供原有知识与新知识之间联系的支点。 ◆情境问题导入技能： 设置问题情境，激发学生的学习兴趣，吸引学生的注意力。
7 分钟	教师展开讲解： 通过"演示法"、"观察分析法"、"打比方"、"播放 Flash 动画并讲解"、"小组讨论"和"学生演示"等方法循序渐进地展开新内容的学习。 （1）演示和观察分析：通过演示自制的 tRNA 模型和 PPT 展示 tRNA 结构示意图，引导学生观察分析，理解其结构和功能。	有目的地阅读课本第 65~66 页的内容。 学生通过阅读课本以及教师的引导、演示讲解来学习新课，培养思考和分析问题的能力。	◆板书技能 ◆演示技能： 演示及时，面向全体学生演示。引导学生观察并思考问题，利用模型等教学媒体吸引学生的注意力。

（续上表）

时间	教师行为	预设学生行为	教学技能要素
7 分钟	 （2）打比方：通过演示自制的教具和打比方来讲解以下内容："装配机器"核糖体＋"搬运工人"tRNA＋mRNA＝"生产线"即蛋白质的合成 （3）播放 Flash 动画并讲解：播放"遗传信息的翻译过程"Flash 动画，结合生动的语言讲解翻译过程。 （4）小组讨论和学生演示翻译过程：激励、引导学生小组讨论翻译过程，然后每组派代表上台利用自制的教具，协作演示"遗传信息的翻译过程"，教师进行点评。	理解 tRNA 的结构和功能。 学生通过教师的演示讲解来理解蛋白质的合成"生产线"。 学生认真观看 Flash 动画的演示，能够具体、直观地理解遗传信息的翻译过程。 学生完全参与到课堂的学习中，亲身体验翻译过程的和谐美，并概述"遗传信息的翻译过程"。	◆讲解技能：要求启发引导，语言生动、精练。①注意语言技能的运用，如语速适当、语音清晰等；②注意突出重点，在讲解中要对难点和关键点加以提示和停顿。 ◆演示技能：围绕重点和难点内容提出问题，并将演示"蛋白质的合成"模型与讲解有机结合，生动形象。

（续上表）

时间	教师行为	预设学生行为	教学技能要素
1.5 分钟	归纳总结： 让学生水到渠成地总结出“翻译”的概念，教师讲解翻译的实质。 课堂练习： 引导学生完成转录和翻译的比较表。让学生掌握转录和翻译的不同之处，从而达成教学目标。 板书： 二、遗传信息的翻译分为三个阶段 1. 起始→2. 延伸→3. 终止 三、转录和翻译的比较	学生自然、敏锐地回答出翻译的概念，脑海浮现翻译过程的整体印象。 在教师的引导下，学生完成转录和翻译的比较表填空内容。	将翻译的抽象复杂转化为直观形象，又将翻译的静止插图转化为动态图形。 ◆结课技能： 引导学生概括总结知识，采用填写比较表的形式来巩固和活化知识点。 ◆板书技能： 层次分明，简明扼要，重点突出。
设计思路说明	秉承高中生物新课程倡导的“以学生为主”和“启发引导”的教学理念，在基因控制蛋白质的合成教学中，我摒弃了传统的教学模式，以“自主学习，讨论探究和小组协作”作为学生学习的基本方式，重视培养学生的科学素养，融合直观演示法、探究法、讨论法和分析归纳法等多种教法，实现师生互动、生生互动。学生通过独立思考、小组活动、实践演示，学会动脑思、动手做、动口议，在“动”中发现问题、解决问题，在“动”中培养合作意识，使感性认识上升到理性认识。 在课堂中，我大胆创新，采用了多媒体课件，结合 Flash 动画讲解和自制的tRNA、核糖体、mRNA链、游离的氨基酸的模型等组合教具，把抽象、复杂、微观的翻译过程动态化、形象化。突出重点，分解难点，有利于学生对知识点的感悟和理解，又能节省时间，使学生从被动的学习转变为主动的参与，从而达到预期的教学目标。		

（续上表）

设计思路说明	此外，我还采用了小组讨论和合作使用自制模型模拟翻译过程的学习方式，提高了学生的动手、动口交流协作能力。通过自主演示，让学生亲身演绎遗传信息的翻译过程，体验基因表达过程的和谐美和逻辑美，体会基因指导蛋白质合成的奥妙之处。通过这种方式，使学生水到渠成地归纳总结出"翻译"的概念，掌握本节课的知识要点，使学生更主动、更透彻地学好本节课内容。教学环节设计合理、完整，较好地实现了教学目标。
板书设计	第一节　基因指导蛋白质的合成（二） 遗传信息的翻译过程 一、tRNA 的结构和作用 二、遗传信息的翻译分为三个阶段 1.起始→2.延伸→3.终止 三、转录和翻译的比较

表 1-2　生物微格教学教案设计二

姓名	具永娴		学校	嘉应学院
指导教师	刁俊明		时长	10 分钟
片段题目	必修 2　第一章　第二节　两对相对性状的杂交实验		重点展示技能类型	导入技能、提问技能、讲解技能
学习目标	【知识目标】 阐明孟德尔的两对相对性状的杂交实验。 【能力目标】 在对两对相对性状遗传结果进行分析时，通过演绎推理的方法，调动学生充分发挥想象力，培养学生的逻辑推理能力。 【情感目标】 认同严谨、求实的科学态度和科学精神。			

（续上表）

		教学过程	
时间	教师行为	预设学生行为	教学技能要素
1.5 分钟	导入新课： 基于上节课所学的基因分离定律是本节课的基础，因此本节课采用"原有知识导入法"导入新课。 （1）导入知识：基因分离定律。 （2）导入方法：原有知识导入法之提问式复习。 （3）导入过程： ①借助多媒体课件引导学生回忆上节课的内容，教师运用引导式语言带领同学们进行概括性的复习。 ②由上节课的豌豆高茎与矮茎这一相对性状引入新课的两对相对性状。 ③引导学生对孟德尔提出的疑问进行思考。 （4）导入问题： ①黄色豌豆一定是饱满的，绿色豌豆一定是皱缩的吗？ ②每对相对性状的性状分离比是否仍为3：1？ 板书： 第二节 孟德尔的豌豆杂交实验（二） 　　　　两对相对性状的杂交实验	温故而知新，并且带着好奇心进入新课的学习。 在教师的引导下进行思考、回答、总结。 学生思考问题。学生带着两个问题有目的地阅读课本第9页的内容。	◆导入技能（原有知识导入法）： 注意引导学生温故知新。以复习、提问等教学活动开始，提供原有知识与新知识之间联系的支点。 ◆提问技能：设疑和引导提问。 ◆板书技能
7.5 分钟	讲授新课： （1）音乐视频：播放一段自编自制的微视频《隐性的豌豆》（时长为1分10秒），让学生在耳熟能详的《隐形的翅膀》的曲子中学习两对相对性状的杂交实验的过程以及结果，并且在教师的引导下把实验过程用歌曲的形式表现出来。	学生在音乐的带动下认真学习两对相对性状的杂交实验的过程和结果。	◆讲解技能： ①注意语言技能的运用，如语速适当、语音清晰等； ②注意讲解的阶段性，一次

（续上表）

时间	教师行为	预设学生行为	教学技能要素
7.5分钟	（2）实验现象：引导学生叙述该实验的过程及结果，同时利用多媒体课件展示。 （3）提出问题：在观察现象的基础上，通过层层设问，引导学生思考、总结，并回答以下问题： ①为什么 F_1 全是黄色圆粒？（帮助学生巩固对性状显隐性的认识） ②为什么会出现新的组合？（引导学生对实验结果进行分析统计） （4）结果分析：引导学生分别对每对相对性状进行单独分析并统计。	学生结合音乐视频以及课本对"两对相对性状杂交实验"的过程和结果进行阐述。 学生在阐述实验现象的同时积极思考问题并回答。 学生根据教师的提示对实验结果进行分析统计。	讲解的时间不要太长，较长的讲解可适当地分几段进行； ③注意突出重点，在讲解中对难点和关键点加以提示和停顿； ④注意反馈、控制和调节。 ◆提问技能： ①问题的表述要清晰，意义连贯，事先必须精心设计； ②注意停顿和语速； ③请学生回答问题时，要注意指派和分配； ④教师可以适当给一点提示，从而帮助学生回答得更加完整。

（续上表）

时间	教师行为	预设学生行为	教学技能要素
7.5 分钟	板书： P　黄圆 × 绿皱 ↓ F₁　　　黄圆 ⊗ ↓ F₂ 黄圆 绿圆 黄皱 绿皱 比例　9 ： 3 ： 3 ： 1		
1分钟	归纳总结： 组织学生结合另一段微视频（时长为27秒），再次用歌声对新课所学知识进行总结归纳，以方便学生进行系统的学习，同时加深学生的理解。另外，音乐视频以歌词"可是该如何解释这现象"结束，从而引入对自由组合现象的解释的学习。	学生跟着音乐对杂交实验进行总结。	
设计思路说明	根据《高中生物课程标准》的理念，在课堂中引导学生通过自主学习等方法获取知识，并将所学知识应用到实际中。比如说，在对两对相对性状遗传结果进行分析时，鼓励学生对 F_2 中豌豆的粒形和粒色进行数量统计并比较，让学生明白每对相对性状依然遵循基因分离定律。 　　本课是在学生学习了基因分离定律，了解了假说演绎的科学方法的基础上展开学习的，因此学生在学习的过程中可以问题为依托、以演绎推理为主线，在教师的引导下进行阅读、思考、观察、讨论，从而培养信息的获取以及运用能力。另外，教师可通过充分调动学生听、说、读、写等多方面的能力来提高学生的学习效率。 　　在课堂中，我大胆创新，利用自编自制的音乐视频对两对相对性状的杂交实验进行阐述，这样既调动了学生参与课堂的积极性和主动性，又达到了教学目标。根据高一学生的认知结构以及心理特点，利用耳熟能详的曲子激发学生的学习兴趣，让学生在轻松愉快的氛围中学习两对相对性状的杂交实验，为"对自由组合现象的解释"的学习打下坚实的基础。		

表 1-3　生物微格教学教案设计三

姓名	林柳燕	学校	嘉应学院
指导教师	刁俊明	时长	10分钟
片段题目	必修 1　第五章　第二节　细胞的能量"通货"——ATP	重点展示技能类型	导入技能、演示技能、讲解技能
学习目标	【知识目标】 理解 ATP 能为细胞直接提供能量，掌握 ATP 分子的名称和结构简式。 【能力目标】 通过对 ATP 分子结构直观模型的学习，培养学生的分析能力。 【情感目标】 激发学生兴趣，培养科学意识。		

教学过程			
时间	教师行为	预设学生行为	教学技能要素
1.4分钟	导入新课： 通过展示"农村夜景"的图片和播放大自然的虫鸣音乐，引出萤火虫这一生物，进而提出"萤火虫为什么会发光"这一问题，导入新课。 板书： 第二节　细胞的能量"通货"——ATP	学生通过倾听音乐，勾起儿时回忆并对老师提出的问题充满好奇，激发学习兴趣。	◆导入技能（情境设置导入）：设置问题情境，激发学生的学习兴趣，吸引学生的注意力。
1.6分钟	教师展开讲解： 通过"打比方"、"观察分析法"、"分析提问"、"模型演示"等方法循序渐进地展开新内容的习。 （1）打比方：通过将"有机物"比喻为"支票"，将"ATP"比喻为"现金"的方式，形象生动地阐明 ATP 能为细胞直接提供能量，ATP 犹如细胞内的能量"通货"。	学生通过教师的打比方能够比较通俗地理解"ATP 能为细胞直接提供能量"这一概念。	

（续上表）

时间	教师行为	预设学生行为	教学技能要素
1.3分钟	板书： 一、ATP 能为细胞直接提供能量 （2）观察分析：①通过 PPT 展示 ATP 分子结构式并给出核糖、腺嘌呤、磷酸基团这三个名词。 ②让同学们结合课本第 88 页的"相关信息"分析出 ATP 分子的中文全称。 ③通过 ATP 分子的结构组成分析出 ATP 中的 A 代表腺苷，P 代表磷酸基团，T 代表三的意思。 通过这样层层深入的分析和解说，让学生从本质上去了解 ATP 的中文名称的来历并透彻地掌握知识。 板书： 二、ATP 分子的名称和结构特点 1. 中文全称：三磷酸腺苷	学生通过阅读课本以及老师的引导来学习新课，培养思考和分析问题的能力。	◆讲解技能：要求语言生动、精练。
3.2分钟	（3）模型演示： ① 通过图片展示以及自制的"ATP 分子结构式"模型来引导观察 ATP 分子内两个波浪形的化学键，并通过演示与讲解说明 ATP 分子具有高能磷酸键这一重要的结构特征决定了 ATP 分子能为细胞直接提供能量。 板书： 2. ATP 具有高能磷酸键 ②通过"举一反三"的练习归纳出 ATP 分子的结构简式并再次强调 ATP 分子的两个高能磷酸键。	通过教师的不断设问和提问，使学生开动脑筋思考问题，并充分地理解 ATP 分子中具有两个特殊的高能磷酸键以及其容易水解释放能量的特性。	◆分析提问与演示技能：围绕重点和难点内容提出问题，并通过演示自制的"ATP 分子结构式"模型与讲解有机结合，运用手势教学，生动形象。

（续上表）

时间	教师行为	预设学生行为	教学技能要素
1.3 分钟	板书： 3.结构简式：A—P～P～P （4）知识小结：最后的环节，对本片段内容进行总结巩固。 板书： 一、ATP能为细胞直接提供能量 二、ATP分子的名称和结构特点 1.中文全称：三磷酸腺苷 2.ATP具有高能磷酸键 3.结构简式：A—P～P～P		◆结课技能： 概括总结知识并联系生活实际，布置作业，锻炼同学们查阅资料并运用课本知识解决生活实际问题的能力。
1.2 分钟	知识拓展： 联系生活中有关氰化物中毒的事件，让同学们课后通过查阅资料分析以下问题： ①氰化物阻断了人体内哪种能量的合成？ ②为什么这种能量的合成一旦被阻断后人就会迅速地死亡？	学生通过查阅资料来完成"氰化物中毒事件"的作业，并联系生活实际，灵活运用课本的理论知识来分析生活现象。	
设计思路说明	秉承高中生物新课程倡导的"以学生为主"和"启发引导"的教学理念，整个教学过程根据教学内容和高中学生的知识结构，开展观察分析，在教学中做到突出重点和难点，应用各种教学方法和手段来充分激发学生的学习兴趣和调动其积极性，重视培养学生的自学能力和探索精神。教学环节设计合理、完整，能较好地实现教学目标。 　　"ATP分子中含有高能磷酸键"是教学的重点内容。本节教学内容学习了"ATP是生命活动的直接能源"的知识，在所有"生物的代谢"的知识中占有重要地位，并且在"光合作用、呼吸作用都会产生ATP"的知识中具有承前启后的作用，而对"ATP分子中含有高能磷酸键"这一重要特征及其不稳定性的学习更能帮助学生理解ATP能为细胞直接提供能量的概念，同时此部分内容是学生学习、理解ADP与ATP的相互转化以及ATP的利用的基础。		

（续上表）

设计思路说明	在课堂中，教师通过打比方解说ATP分子是细胞内的"通货"，开展观察分析活动并结合自制模型来生动地演示高能磷酸键的断裂过程，以提出问题的方式，让学生通过自己的观察和思考，从而发现问题并解决问题，从本质上去学习和掌握ATP分子的中文全称、结构简式、ATP分子中含有高能磷酸键、ATP分子的不稳定性。这样，学生在教师的引导下，以问题为依托，层层深入地分析和学习ATP分子的特点，从而慢慢地揭开ATP这个有机物的神秘面纱。同时，教师还运用了各种教学方法和手段来培养学生分析问题的能力。
板书设计	第二节　细胞的能量"通货"——ATP 一、ATP能为细胞直接提供能量 二、ATP分子的名称和结构特点 1.中文全称：三磷酸腺苷 2.ATP具有高能磷酸键 3.结构简式：A—P～P～P

表1-4　生物微格教学教案设计四

姓名	杨喜书	学校	嘉应学院
指导教师	刁俊明	时长	10分钟
片段题目	必修3　第三章　第二节　DNA分子的结构——DNA分子的结构特点	重点展示技能类型	提问技能、讲解技能、演示技能
学习目标	【知识目标】 了解并能概述DNA分子的结构特点。 【能力目标】 以DNA模型为依托，培养空间想象能力以及分析理解能力。 【情感目标】 通过探究和观察，培养学生严谨的科学态度以及不断探索创新的精神。		

（续上表）

教学过程			
时间	教师行为	预设学生行为	教学技能要素
1分钟	导入新课： 在白板上简单画出人体的轮廓与细胞图，并导入问题：人体细胞核和细胞质中携带遗传信息的物质是什么呢？ 教师展示讲解： 对回答①，即回答正确的学生做出肯定，对回答②的学生进行引导，动物的正常体细胞中携带遗传信息的物质是 DNA。 那么，DNA 分子的结构是什么样的呢？今天我们一起来学习认识 DNA 分子的结构特点。 板书： 第二节　DNA 分子的结构特点	学生思考、回答： ① DNA； ② DNA 和 RNA。	◆ 导入技能 （温故知新法）： 通过白板画和提出问题来导入新课，激发学生的学习兴趣，吸引学生的注意力。 ◆ 板书技能
2.5分钟	讲授新课： 演示与讲解：教师手拿 DNA 的立体模型，同时通过多媒体展示 DNA 分子的平面和立体结构，引导学生学习认识这个模型，并说明在人体中 DNA 是很小的、微观的，我们可以先从宏观的角度来认识 DNA 的结构特点（教师将手指向 DNA 的结构模型）。 引导提问 1：同学们，我们看到的这个模型是什么样的形状呢？ 对回答①的学生：肯定其回答，让其继续构思一个更恰当的词语。对回答②的学生做出评价：很好！DNA 的结构就是螺旋形状的结构。	学生被 DNA 立体结构模型吸引，充满好奇。 学生回答： ①旋转形状的； ②螺旋形状的。	◆ 演示技能： 演示及时，面向全体学生演示。 引导观察并提出问题，让模型等媒体"抓住"学生的心。 ◆ 提问技能： 引导提问，围绕重点和难点内容提出问题。

（续上表）

时间	教师行为	预设学生行为	教学技能要素
2.5分钟	引导提问2：同学们，我们看这个DNA模型和PPT上的展示，数一数DNA是由几条链组成的。（学生回答）是的。我们可以看到这个立体模型的外部是很明显的两条链，PPT上的展开图也印证了同学们的回答是正确的。 引导提问3：同学们能否注意到DNA的展示图中两条链有一个有趣的特点？（学生回答）非常聪明。DNA的两条链是平行的，而且是反向形成螺旋结构的。 板书： 一、DNA的结构 1. 两条链反向平行 2. 双螺旋结构 复习提问：（上个小节的内容）DNA的基本组成单位是什么？	学生进行观察、思考并回答：两条链。 学生认真观察、思考并回答问题：这两条链中脱氧核糖的方向不同，两条链的方向不同。 学生思考、回答：脱氧核糖核苷酸。	◆讲解技能：要求语言精练。 对回答进行反馈。
3分钟	演示与提问：向学生展示自制的脱氧核糖核苷酸的模型，并引导提问。那么，脱氧核糖核苷酸的化学组成又是什么呢？（学生回答，教师对学生的回答表示肯定）很好！看来同学们都已经掌握这个知识点了，现在请认真观察老师手上的DNA的立体模型、自制核苷酸模型以及PPT上的展示。 引导提问1：DNA的结构中，哪些成分是排在外面，哪些又是排在里面的呢？	学生思考、回答：脱氧核糖、磷酸和碱基。 学生进行观察并回答：磷酸和脱氧核糖排在外面，碱基排在里面。	◆演示与提问技能：演示自制的脱氧核糖核苷酸的模型，并引导提问。

（续上表）

时间	教师行为	预设学生行为	教学技能要素
3分钟	引导提问 2：是的。我们可以看到磷酸和脱氧核糖是不变的，排在外面，而唯一变化的是碱基，其排在 DNA 结构的里面。所以，是什么组成了 DNA 的基本骨架呢？（学生回答）很好！脱氧核糖和磷酸交替连接作为 DNA 的基本骨架，排在外侧，碱基排在 DNA 的内侧。这是本节课的重点内容。同学们要好好掌握。 板书： 二、结构的组成 1.脱氧核糖和磷酸——外侧（加点标志强化）（构成基本骨架） 2.碱基——内侧（加点标志强化）	脱氧核糖和磷酸组成了 DNA 的基本骨架。	◆提问与讲解技能：提问与讲解有机结合，突出重点和难点。
2.5分钟	提问与讲解：说到了碱基，同学们想到了哪些缩写字母呢？ 引导提问 1：我听到了有同学说 U，那同学们知道 U 代表什么吗？ 引导提问 2：尿嘧啶存在于哪些分子之中呢？（学生回答）所以，U 是区别 DNA 与 RNA 的一个因素。 A、T、C、G 分别是哪些名称的缩写字母呢，可能同学们不容易记住。可用类比记忆法来记住它们。比如 T，它像人体胸部的形状（配合手势指示胸部说明），可	学生回答： A、T、C、G、U 尿嘧啶 RNA 学生认真听讲，被手势教学吸引，激发了学习兴趣。	◆提问技能：反馈信息。 ◆讲解技能：运用手势教学进行类比讲解，生动形象。 ◆强化技能：运用恰当的手势强化记忆。

（续上表）

时间	教师行为	预设学生行为	教学技能要素
2.5 分钟	以简单记忆为胸腺嘧啶。C 像一个被咬过的包子（配合手势说明），所以可以简单记忆为胞嘧啶。同学们在学习过程中可以采用类比联想的方法来加强记忆，效果是很不错的。 引导提问 3：同学们，A、T、C、G 四种碱基在 DNA 分子中是怎样排列和连接的呢？科学家们已经证实了 A 与 T 配对，C 与 G 配对。请同学们看 PPT 的展示，它们之间的连接是通过化学键来完成的，那么是什么化学键呢？ 引导提问 4：嗯！它们就是通过氢键连接起来的，那么它们的连接方式有什么特别之处吗？请同学们细心观察一下。（学生回答）同学们的眼光都是雪亮的。A 与 T 之间是通过两个氢键连接，C 与 G 是通过三个氢键连接。这就决定了 A 只能与 T 配对，C 只能与 G 配对。而这种配对规律我们称为碱基互补配对原则。这是本节课的第二个重点知识。 板书： 三、碱基配对的规律 A 与 T 配对（2 个氢键） C 与 G 配对（3 个氢键）	学生观察、回答： ①它们是通过氢键来连接的； ② A 与 T 之间有两个氢键，C 与 G 之间有三个氢键。	◆提问和讲解技能 ◆反馈技能

（续上表）

时间	教师行为	预设学生行为	教学技能要素
1分钟	练习活动： 和学生一起完成如下三道练习题： （1）DNA 分子是由 <u>2</u> 条链组成的，<u>反向平行</u>盘旋成双螺旋结构。 （2）<u>脱氧核糖和磷酸</u>交替连接，排列在外侧，构成基本骨架；<u>碱基对</u>排列在内侧。 （3）碱基通过<u>氢键</u>连接成碱基对，并遵循<u>碱基互补配对</u>原则。 总结巩固： 对本片段内容进行总结巩固，加强学生的记忆。总结巩固的内容为 DNA 分子结构的主要特点，而刚完成的三道练习其实就是这个内容。故以此为基础，同时也是一种反馈。 布置作业： 完成课本第 51 页的练习题。	学生结合所学的知识进行思考、讨论、回答。	◆强化技能：恰当的练习活动。 ◆结束（结课）技能：引导学生概括总结知识。
设计思路说明	秉承高中生物新课程倡导的"以学生为主，教师为辅"和"提高生物科学素养"的教学理念，整个教学过程根据教学内容和高中学生的特点，合理应用各种教学方法和手段来充分调动学生的学习兴趣和积极性，重视培养学生的观察能力和思维能力。教学环节完整，较好地完成了教学任务。 　　首先，通过白板画和提出问题来导入，说明 DNA 分子存在的位置，让学生对 DNA 的分布情况有更深的认识。 　　DNA 双螺旋结构 属于分子水平且为三维立体结构，对于学生的空间思维能力要求较高。这里采用了演示技能、提问与讲解技能相结合的方法。借助 DNA 实体立体模型结构以及运用多种多媒体教学手段，向学生一一展示，从而将微观转化为宏观，将抽象变为直观，让学生对 DNA 分子的整体形成一种外在的印象。		

（续上表）

设计思路说明	本片段内容为"DNA 分子的结构特点"这一节中的第二个小节。此时学生已对 DNA 结构的基本组成有了认识和了解。同时，在必修 1 所学的有关核酸内容的基础上，通过"设问—讨论回答—补充—结论"的教学模式，充分发挥学生的主体作用，激发学生的学习兴趣。教师自制简单的脱氧核苷酸模型进行教学演示，一来可以吸引学生的注意力；二来更直观、形象，可以帮助记忆。 　　碱基的配对原则是本片段的另一个重点。因此，在讲授这个环节的内容时应该适当增加时间，通过运用手势教学进行类比讲解以及多媒体的生动展示，让学生更容易掌握这个知识点。 　　最后环节为知识点的归纳和总结，让学生通过本节课的学习形成知识框架，从而加深印象。同时辅以三道简单的练习题，进行巩固和强化知识。
板书设计	第二节　DNA 分子的结构特点 一、DNA 的结构 1.两条链反向平行 2.双螺旋结构 二、结构的组成 1.脱氧核糖和磷酸——外侧（构成基本骨架） 2.碱基——内侧 三、碱基配对的规律 A 与 T 配对（2 个氢键） C 与 G 配对（3 个氢键）

表 1-5　生物微格教学教案设计五

姓名	何柳芳		学校	嘉应学院
指导教师	温茹淑		时长	10 分钟
片段题目	必修 1　第五章　第二节　细胞的能量"通货"——ATP		重点展示技能类型	讲解技能、提问技能

（续上表）

学习目标	【知识目标】 掌握 ATP 和 ADP 之间相互转化的过程。 【能力目标】 理解 ATP 的形成途径。 【情感目标】 通过阅读与思考、讨论活动培养学生主动参与及合作的学习态度。

教学过程		

时间	教师行为	预设学生行为	教学技能要素
30秒	（1）运用比喻引出 ATP 与 ADP 可以相互转化：ATP 就像我们日常生活中的零用钱，它会随着每天的花销而减少，因此要维持正常的生活，就必须不断破开大面值钞票给予补充，细胞中的大面值钞票主要是糖类等有机物。这个补充过程是通过 ATP 与 ADP 的相互转化来实现的。	学生思考 ATP 与 ADP 是怎样相互转化的。	◆导入技能：生活经验导入。
1分钟	（2）多媒体展示情境资料：一个成年人在平静状态下，24 小时将有 40 kg 的 ATP 发生转化，而细胞内 ATP、ADP 的总量仅有 2~10 mg。根据资料数据与你的体重相比，能得出什么结论？	经过讨论，学生从数据中得出结论：ATP 和 ADP 的特性是含量少，转化快，对体内稳定的供能有重要的意义。	◆提问技能
30秒	（3）请学生阅读课本第 88~89 页"ATP 和 ADP 可以相互转化"的内容。思考它们是如何进行转化的？ （4）请一位学生回答 ATP 与 ADP 的转化过程。	学生带着问题阅读教材相关的内容。 学生回答。	◆提问技能

（续上表）

时间	教师行为	预设学生行为	教学技能要素
1分钟	（5）补充并讲解它们的转化过程：ATP水解时，在有关酶的催化下，远离腺苷的高能磷酸键断裂形成二磷酸腺苷（ADP），同时生成一个游离的磷酸及释放出较多的能量，这是一个放能的过程；ADP在有关酶的催化下，从周围吸收相同的能量，并与一个游离的磷酸结合重新形成ATP，这是一个吸能的过程。	学生明白ATP和ADP之间相互转化的过程并能理解吸能反应和放能反应与ATP的水解和合成的关系。	◆讲解技能
1分钟	（6）板书： ATP和ADP相互转化的过程	学生被动画吸引，仔细观看ATP与ADP相互转化的过程。	◆演示技能：动画演示与讲解有机结合。
30秒	（7）动画播放ATP与ADP相互转化的过程。（边播放边进行讲解）		
30秒	（8）设置问题：在ADP转化成ATP的过程中，所需的能量从哪里来呢？	学生讨论后回答。	◆提问技能
	（9）课件展示教材中的图片，解释ATP形成的途径：对于动物、人、真菌和大多数细菌来说，均来自细胞进行呼吸作用时有机物分解所释放的能量；对于绿色植物来说，除了依赖呼吸作用所释放的能量外，在叶绿体内进行光合作用时，还利用了光能。同时引导学生回忆第三章第二节学习过的细胞器的内容——进行呼吸作用和光合作用的场所是线粒体和叶绿体。	理解ATP的形成途径，回顾第三章第二节学习过的细胞器的内容——进行呼吸作用和光合作用的场所是线粒体和叶绿体。	◆讲解技能

（续上表）

时间	教师行为	预设学生行为	教学技能要素
1分钟	（10）引导学生讨论：ATP 与 ADP 的转化过程是否可逆？根据学生的回答不断地进行反问（为什么不可逆呢？两种酶为什么不同呢？反应能量来源相同吗？反应的场所相同吗？）并让学生主动说出最完整的答案。	学生进行讨论回答，经过教师的反问，得出结论：ATP 与 ADP 之间的转化是不可逆的反应，具体从反应需要的条件、场所、能量来源几个方面说明。	◆提问技能 ◆讲解技能
2分钟	（11）小结 ATP 与 ADP 的转化过程。	学生回忆刚才所学的知识。	◆结束技能
1分钟	（12）拿出一盒三磷酸腺苷二钠片，请一位学生念出它的主要成分及功能。	学生根据说明书朗读三磷酸腺苷二钠片的成分及功能。	
1分钟	（13）提问：高能磷酸键释放的能量多达 30.54 kJ/mol，那 ATP 水解的能量还有哪些利用途径？	学生讨论。	
设计思路说明	"ATP 和 ADP 可以相互转化"是人教版高中生物必修 1 第五章"细胞的能量供应和利用"第二节"细胞的能量'通货'——ATP"中的内容。 新课程理念强调"学生是学习的主人，教师是学习的组织者、引导者和合作者"，因此，本节课的教学方法主要体现在以下两个方面：一是苏格拉底的"助产式"教学法，即以反驳或反问的方式让学生在不知不觉中得出正确的答案；二是讨论法，以小组为单位进行讨论，引导学生进行探究式的学习。 本教学设计针对的是高一年级的学生，他们通过物理、化学两门学科的学习，已经具备了能量转化的知识，将其转移应用到对 ATP 与 ADP 的相互转化上，对于认识细胞内的能量转化是有帮助的。		

（续上表）

设计思路说明	由于这部分内容比较抽象，首先运用比喻引出"ATP 与 ADP 可以相互转化"这一理论，用多媒体展示情境资料，让学生得出"ATP 和 ADP 的特性是含量少、转化快"这个结论，通过提问"ATP 与 ADP 的转化过程是怎样的"，引导学生带着问题阅读教材相关的内容，学生回答后教师用板书进行补充讲解，通过动画播放使学生更清楚地理解 ATP 与 ADP 相互转化的过程。接着设置问题"在 ADP 转化成 ATP 的过程中，所需要的能量从哪里来呢"供学生思考，用课件展示教材中的图片，解释 ATP 形成的途径，然后以不断反驳或反问的方式让学生得出 ATP 的水解及合成是否可逆的正确答案。最后联系生活，用三磷酸腺苷二钠片说明 ATP 的其中一个用途，并抛出问题："高能磷酸键释放的能量多达 30.54 kJ/mol，那 ATP 水解的能量还有哪些利用途径？"让学生思考讨论，下次课再进行讲解。 　　整个设计始终贯串问题讨论、思考，从感性材料入手，层层设问，将重点、难点问题层层分解，逐渐深化知识。
板书设计	

表 1-6　生物微格教学教案设计六

姓名	刘佩珊	学校	嘉应学院
指导教师	郑清梅	时长	10 分钟

（续上表）

片段题目	第四章　第三节　群落的结构——种间关系之互利共生与捕食	重点展示技能类型	启发式提问技能、多媒体演示技能
学习目标	【知识目标】 （1）说出生活中关于种间关系的例子。 （2）理解两种种间关系。 （3）识别各种间关系曲线图及掌握各图形特征。 【能力目标】 通过讨论学习，相互交流学习成果，培养学生的学习能力和协作精神。 【情感目标】 通过认识不同生物之间的相互关系，激发学习生物学科的兴趣。		

教学过程				
时间	教师行为	预设学生行为	教学技能要素
30秒	导入新课： 联系生活，采用"图片展示法"导入新课。展示一组色彩鲜明的"种间关系"图片，引导学生观察并分析图片的主要内容，从而导出本次课的主题——种间关系。	学生被图片所吸引，并在教师启发下思考图片中生物之间的关系。	◆导入技能：图片展示导入。
9分钟	教师展开讲解： 通过"视频"、"探究法"及"图片展示法"循序渐进地展开主要内容。 （一）播放"生物种间关系"视频，激发学生的学习兴趣观看前提问："从视频中我们可以寻找出哪两种种间关系？"引导学生在观看视频时初步了解"互利共生"与"捕食关系"两种种间关系。	视频可有效调动学生的积极性，使学生在教师的引导下认真思考问题。	◆提问技能：及时提出问题。 ◆演示技能：通过播放视频起到引人入胜的效果。

（续上表）

时间	教师行为	预设学生行为	教学技能要素
9分钟	（二）多种技能讲授两种种间关系 1.互利共生关系 （1）课堂讨论：让学生结合视频内容，举一反三，联系生活实际，举出生活中"互利共生"的例子并讨论。 （2）重点强化：循序渐进地引导学生进一步深入探讨"共生关系"中物种的内在关系。 ①联系预习作业，结合课本内容，展示"豆科植物与根瘤菌共生"的图片及实物，提问："根瘤菌是如何作用于豆科植物的？"引导学生进一步思考"共生关系"中物种的内在关系。 ②进一步引导学生探究"共生关系"中物种的数量变化关系。提问："假设 A 和 B 是共生关系的两种生物，一种生物的数量变化会对另一种生物种群数量变化产生影响吗？"提示学生围绕共生关系进行思考。 ③得出结论：PPT 展示"互利共生曲线图"，说明"共生关系的两个种群，当一个种群数量上升时，另一个种群数量也上升"。	学生讨论：说出生活中"互利共生"的例子。 学生进行探究活动：让学生成为课堂的主人，以主人翁的态度进行探究。 学生回答问题：联系预习作业及课本内容并作答。学生在教师循序渐进的启发下积极思考"共生关系"中物种的内在关系。让学生由形象思维升华至抽象逻辑思维，从本质上掌握"互利共生"的内在关系。	◆演示与提问技能：引导学生思考。 ◆演示与讲解技能：演示与讲解有机结合，语言生动、精练。

（续上表）

时间	教师行为	预设学生行为	教学技能要素
9分钟	2. 捕食关系 （1）成语导入：用"兔死狐悲"的成语导出"捕食关系"。 （2）课堂讨论：让学生联系生活实际，举出捕食关系的例子。 （3）展示捕食关系的图片。 （图片略） （4）学生动手，参与课堂：举一反三，融会贯通，让学生根据刚才所学习的"互利共生曲线图"，画出"捕食关系曲线图"。 （图片略） （5）知识延伸：在掌握重点知识的基础上，进一步拓展学生的思维，提出探究性问题："捕食是否会导致另一方完全消失？"教师在学生讨论的基础上总结捕食关系的生态效应：在自然界中，被捕食的往往是体弱多病或遗传特性较差的个体，从而防止了疾病的传播及不利遗传因素的延续。	学生从成语中品味"种间关系"，引起学习兴趣。 学生讨论：说出生活中"捕食"的例子。 学生被生动的图片吸引，并在观察过程中思考"捕食关系"中物种的数量变化。 学生画图，学以致用，知识得到强化。 延伸课堂知识，学生的创新性思维能力得到培养。	◆演示与讲解技能： 运用成语形象生动地讲解捕食关系。 ◆强化技能： 师生互动，共同画图，加深学生对图的理解。 ◆提问技能： 启发式提问。

（续上表）

时间	教师行为	预设学生行为	教学技能要素
30秒	课堂小结： 教师通过让学生比较"互利共生曲线图"与"捕食关系曲线图"的差异来总结"捕食"及"共生"的关系。 布置作业： 让学生自主阅读课本第72页"高斯的实验"，从而进入对竞争关系内容的学习。	运用图片比较法，让学生在比较中寻找出差异，从而进一步强化重点内容。	◆结束技能：图片比较法。
设计思路说明	本教学内容紧密联系生活实际，采用多媒体辅助配合，教师引导，学生主动参与，通过"问题—探讨—整合"的模式完成教学任务。 　　高二的学生是比较容易分散思维的，所以在对共生及捕食关系的讲解过程中，我采用了实物、图片、视频及成语等方式吸引学生的注意力，为学生营造一个轻松思考的氛围，使学习过程变得愉快而轻松。 　　为了突破本节课的难点，我主要采用了课堂讨论、重点强化及学生动手画种间关系图的方法，使学生成为课堂的主人，以主人翁的态度进行探究式学习。		
板书设计	第三节　群落的结构 　　　　　三、种间关系 　　　　　（一）互利共生 　　　　　（二）捕食		

表1-7　生物微格教学教案设计七

姓名	邱少妍	学校	嘉应学院
指导教师	许良政	时长	10分钟
片段题目	必修1　第二章　第二节　生命活动的主要承担者——蛋白质及其结构	重点展示技能类型	导入技能、演示技能、情境模拟

（续上表）

学习目标	【知识目标】 （1）熟练掌握肽键、肽（二肽、多肽）、蛋白质的概念，理解氨基酸形成蛋白质的过程。 （2）熟练和规范描述蛋白质的结构层次。 【能力目标】 （1）观察和思考课前演示实验，培养发现问题、分析问题的探究能力。 （2）阅读课本，观察图片与模型，提高观察分析和归纳概括的能力。 【情感目标】 积极参与组内讨论和情境模拟（角色表演），探讨和演示氨基酸形成蛋白质的过程，培养求实、勇于实践的科学探究精神和科学态度，认同"物质是运动和联系的"这一辩证唯物主义自然观，逐步形成科学的世界观。

教学过程		

时间	教师行为	预设学生行为	教学技能要素
1.5 分钟	新知呈现： （一）创设实验情境，激发学习兴趣 （1）教师引领学生回顾上一节"细胞中的元素与化合物"中生物组织中的蛋白质的检测方法。 （2）教师展示提前准备好的牛奶和双缩脲试剂，邀请学生助手完成实验操作，提醒其他学生注意观察牛奶的颜色、状态是否发生变化。 （3）教师指导学生完成将双缩脲试剂 A、B 液分别添加到牛奶中的操作，同时设置空白对照组。	学生复习上一节知识，加深记忆。 学生观察到牛奶由乳白色变为浅蓝紫色的现象，对新课充满学习兴趣，迅速进入主动学习状态。	◆ 导入技能（实验导入法）：教师通过创设实验情境，以明显的颜色变化使学生在视觉上获得感性认知，同时配以生动的语言描述，唤起学生的有意注意，激发学生的直觉兴趣。

（续上表）

时间	教师行为	预设学生行为	教学技能要素
1.5分钟	（二）启发学生思考，明确学习目标 （1）教师启发学生思考： ①为什么双缩脲试剂能够用于检测蛋白质？蛋白质究竟具有怎样的结构？ ②蛋白质是如何形成的？ （2）组织学生阅读课本第21~22页。 板书： 第二节　生命活动的主要承担者——蛋白质	学生带着对新知识的探索欲望，认真和积极阅读课本相关内容。	◆提问技能： ①运用启发式提问巧布疑问； ②提问注意循序渐进，符合逻辑； ③提问注意适当地停顿，放慢语气。 ◆板书技能： ①熟练运用白板等板书工具； ②板书工整、规范。
7分钟	新课讲解： （一）温故知新，类比联想 （1）以 PPT 填空的方式回顾氨基酸结构通式。 （2）教师运用生动的语言描述，将氨基酸各部分类比为人体轮廓。 （3）由人与人相互接触，以手拉手的方式联想到氨基酸分子之间的结合。 （4）PPT 展示两分子氨基酸的结构式，教师提出疑问：氨基酸分子是如何结合在一起的呢？	学生回顾氨基酸结构通式，并强化记忆。 学生自主思考氨基酸分子的结合方式。	

（续上表）

时间	教师行为	预设学生行为	教学技能要素
7分钟	板书： 一、氨基酸的结合方式 （二）模型演示，化难为易 （1）教师运用模型演示两分子氨基酸脱水缩合形成二肽的过程，并运用PPT进行补充，深入讲解。 ①氨基酸缩合反应的关键在于：一个氨基酸与中心碳原子相连的羧基脱去一个羟基（—OH基团），另一个氨基酸与中心碳原子相连的氨基脱去一个H原子（提示并不是R基上的羧基和氨基），脱去的基团共同生成一分子水，这种结合方式叫作"脱水缩合"。 ②各氨基酸剩下部分相连，连接两个氨基酸残余部分的化学键称为肽键。 （2）教师引导学生以氨基酸结构通式为对照，注意识别"氨基酸结合之后生成的化合物是否符合氨基酸结构通式，是不是一个氨基酸"，从而引出肽的概念并说明二肽是由两个氨基酸脱水缩合生成的含有一个肽键的化合物。 （三）观察分析，类比概括 1. 三肽的概念 （1）教师引导学生观察：二肽的两端各有什么？ （2）教师解说：二肽可以与另一个氨基酸反应生成一个新的化合物，由三个氨基酸脱水缩合生成的化合物称为三肽。	学生认真观察模型演示过程，在积极观察和学习的过程中理解氨基酸脱水缩合的过程，以及肽键、二肽、脱水缩合的概念。 学生观察并回答：二肽两端各有一个氨基和一个羧基。	◆演示技能： ①模型的演示要确保科学性； ②模型的摆放要便于全体学生观察； ③演示模型时配合指导性语言，引导学生观察，启发学生思考。 ◆讲解技能： ①讲解中对重难点和关键点加以提示；

（续上表）

时间	教师行为	预设学生行为	教学技能要素
7分钟	2. 多肽的概念 （1）教师提问：以此类推，什么叫作多肽？ （2）动态PPT演示多肽的形成过程，说明多肽是指三个或三个以上的氨基酸脱水缩合生成的含有多个肽键的化合物，由于通常呈链状结构，所以也称多肽链。 3. 蛋白质的概念 （1）教师提问：多肽是不是蛋白质呢？ （2）结合蛋白质结构图，说明蛋白质是由一条或几条多肽链经过盘曲折叠，形成具有一定空间结构的大分子。 （四）图文转化，合作探究 （1）展示"氨基酸形成蛋白质的示意图"。 （2）教师组织学生进行小组讨论，尝试将课本第21页下方的"图2-4 由氨基酸形成蛋白质的示意图"转化为文字。 （3）请小组代表以角色扮演的方式表演氨基酸形成蛋白质的过程。 板书： 二、氨基酸形成蛋白质的过程 氨基酸→二肽→三肽→多肽→蛋白质	学生理解三肽或多肽（链）的概念以及与二肽的联系。 学生理解蛋白质的概念以及与多肽（链）的区别与联系。 学生积极进行小组讨论，并以角色扮演法演示氨基酸形成蛋白质的过程，灵活运用并理解氨基酸形成蛋白质的过程的相关知识。	②注意语速适中，语音清晰，语义准确、精练，语调亲切动听，音量适中并富于变化； ③注意语言要条理清晰、衔接得当且具有启发性。 ◆ 情境模拟技能： ①情境模拟必须科学规范和目标明确； ②随机分配角色，体现面向全体学生的原则； ③学生自主扮演，教师适时发挥主导作用。

（续上表）

时间	教师行为	预设学生行为	教学技能要素
1.5 分钟	片段小结： （一）牛刀小试，巩固新知 通过习题检测学习成果，加深印象。 （二）课后学习，开拓思维 （1）教师扼要地揭示课前实验的原理，鼓励学生课后深入调查。 （2）布置作业：通过浏览网页或查阅书籍等方法，调查生活中常见的蛋白质的结构，想一想蛋白质的结构是一样的吗？	学生积极参与知识的巩固过程，训练对知识的运用和迁移能力，从而产生探究蛋白质结构、种类及功能多样性的兴趣和学习后续知识的积极动机。	◆结束技能： ①习题检测，巩固新知； ②解释课前实验，首尾呼应； ③调查生活中常见蛋白质的结构，注重理论与现实相结合，学以致用。
设计思路说明	秉承高中生物新课程倡导的"教师为主导，学生为主体"的教学理念，结合高一学生的认知特点，在教学过程中采用"实验导入法"、"模型演示法"、"探究学习法"、"角色扮演法"等多种教学方法相结合的教学策略，创设让学生主动探究新知识、自主融入学习过程的愉悦的课堂氛围，充分调动学生的学习积极性，使得学生在掌握新知识的同时提高生物科学素养。 　　在课堂中，教师通过模型演示法与生动的讲解相结合，以"氨基酸—二肽—三肽—多肽—蛋白质"为线索，结合启发式提问，循循善诱，由简单到复杂逐层深入，帮助学生从蛋白质的基本单位——氨基酸的基础上过渡到蛋白质分子复杂的空间结构。讲解两分子氨基酸脱水缩合形成二肽时，以模型演示法培养学生的观察分析能力；讲解三肽、多肽的概念时，以类比推理法鼓励学生运用自己的语言概括归纳三肽或多肽的概念，培养学生的自主思考能力；小结蛋白质的形成过程时，组织学生以角色扮演的方式积极融入课堂中，学生在运用新知识的同时体验成功感，增强自信心。 　　在课前实验情境奠定的轻松氛围下，教师引导学生以模型演示、PPT演示为依托，以小组讨论和角色扮演为辅助，动眼动脑相结合，在轻松愉悦的课堂氛围中层层深入地学习和掌握氨基酸形成蛋白质的过程以及蛋白质的结构层次。

（续上表）

板书设计	第二节　生命活动的主要承担者——蛋白质 一、氨基酸的结合方式 二、氨基酸形成蛋白质的过程 氨基酸 —脱水缩合→ 二肽 —脱水缩合→ 三肽 —脱水缩合→ 多肽 —盘曲折叠→ 蛋白质

表 1-8　生物微格教学教案设计八

姓名	陈添	学校	嘉应学院
指导教师	廖富林	时长	10 分钟
片段题目	必修 1　第二章　第三节 遗传信息的携带者 ——核酸	重点展示 技能类型	演示技能、 提问技能、 讲解技能
学习目标	【知识目标】 简述核酸的种类、结构以及功能。 【能力目标】 体验知识的迁移与相互联系，学会思考、归纳的学习方法。 【情感目标】 养成求真、务实及勇于实践的科学精神和科学态度。		

教学过程

时间	教师行为	预设学生行为	教学技能要素
1.5 分钟	导入新课： 以课本第 26 页"问题探讨"中的 DNA 侦破案件、寻找灾难死难者或者亲子鉴定作为例子，并以问题作为引导：DNA 是什么物质？为什么 DNA 能够提供犯罪嫌疑人的信息？ 板书： 第三节　遗传信息的携带者——核酸	在教师的引导下进行思考，并带着教师提出的问题，仔细阅读课本第 26 页的内容。	◆ 导入技能(设疑导入法)： 引导学生联想实际问题，激发学生的学习兴趣和学习动机。

（续上表）

时间	教师行为	预设学生行为	教学技能要素
	展开新课： 通过"知识迁移"、"类比联想"、"模型演示"、"观察分析"等方法循序渐进地展开新内容的学习。		
1分钟	（1）知识迁移：讲述DNA的中文全称以及功能，并引导学生回顾初中所学知识，引出RNA的中文全称，从而归纳出核酸的种类以及功能。 板书： 一、核酸的种类 { 脱氧核糖核酸（DNA） 核糖核酸（RNA）	学生通过阅读课本和教师的讲解来学习新课，培养思考能力。	◆讲解技能：要求语言生动、精练。
1分钟	功能：携带遗传信息 （2）类比联想：同样作为生物大分子的核酸，也携带着大量的遗传信息，那么其是否也有小分子的基本单位？从而引入核苷酸的概念。 板书：	通过类比蛋白质，使学生更好地理解核苷酸的概念。	◆提问技能：设疑和引导提问。
2分钟	二、基本单位：核苷酸 （3）模型演示： ①引导学生阅读课本第28页的内容，初步熟悉核苷酸的结构； ②利用自制模型教具和课件展示"核苷酸的结构模式图"，并分清五碳糖、磷酸、含氮碱基这三个结构。	学生通过阅读课本以及教师的引导来学习新课，培养观察、分析问题的能力。	◆演示技能：模型与讲解有机结合，生动形象。

（续上表）

时间	教师行为	预设学生行为	教学技能要素
3分钟	板书： { 磷酸 五碳糖 含氮碱基 （4）观察分析：再次引导学生观察自制模型和课本第 28 页的图 2-8 来分析不同核酸类型在五碳糖上的差异，利用 PPT 课件展示和讲解来归纳出脱氧核糖核苷酸与核糖核苷酸在含氮碱基上的异同。 板书： { 核糖 脱氧核糖 含氮碱基：A、G、C、T、U	通过教师的讲解，充分地理解脱氧核糖核苷酸与核糖核苷酸的异同。	◆ 讲解技能： ①注意语言技能的运用，如语速适当、语音清晰等； ②注意突出重点，在讲解中要对难点和关键点加以提示和停顿； ③注意学生反馈，控制和调节好课堂气氛。
1分钟	总结归纳： 通过总结归纳检测同学们是否掌握了核酸的相关知识。	学生自主进行归纳总结。	
0.5分钟	课堂延伸： 请同学们到医药商店作一个调查，统计核酸保健品的种类，结合已有知识对这些保健品的功效作一个评价。	学生主动调查，强化所学的知识。	◆ 强化技能： 通过布置观察作业，达到强化学习的目的。

（续上表）

设计思路 说明	秉承高中生物新课程倡导的"以学生为主"和"启发引导"的教学理念，整个教学过程根据教学内容和高中学生的知识结构，开展观察分析，在教学中做到突出重点和难点，应用各种教学方法和手段来充分调动学生的学习兴趣和积极性，重视培养学生的自学能力和探索精神。教学环节设计合理，能较好地实现教学目标。 　　"核酸的化学组成"是本节课的教学重点内容，在课程结构上紧承第二节"生命活动的主要承担者——蛋白质"，又在课程内容上呼应必修2"遗传与进化"的基础部分，因此本节课有着承上启下的作用，是高中生物学重要的基础理论课。 　　在课堂中，我以课本问题探讨中的DNA侦破案件、寻找灾难死难者或者亲子鉴定作为例子，并以问题作为引导，激发学生的兴趣，开展观察分析活动并结合自制模型来生动地演示核苷酸的基本结构模型，以提出问题的方式，让学生通过观察和思考，发现不同核苷酸之间的差异并解决问题，进而学习和掌握系统知识。这样，学生在教师的引导下，以问题为依托，层层深入地分析和学习核苷酸的结构特点，并慢慢地揭开DNA与RNA的神秘面纱，运用课外探究的教学方法和手段来培养学生分析问题和解决问题的能力。
板书设计	第三节　遗传信息的携带者——核酸 一、核酸的种类 { 脱氧核糖核酸（DNA） 　　　　　　　　 核糖核酸（RNA） 功能：携带遗传信息 二、基本单位：核苷酸 { 磷酸 　　　　　　　　　　　五碳糖 { 核糖 　　　　　　　　　　　　　　　 脱氧核糖 　　　　　　　　　　　含氮碱基：A、G、C、T、U

表 1-9　生物微格教学教案设计九

姓名	潘咏仪	学校	嘉应学院
指导教师	刘惠娜	时长	10 分钟
片段题目	必修 3　第二章　第四节　体液免疫	重点展示技能类型	导入技能、课堂组织技能、讲解技能
学习目标	【知识目标】 能概述体液免疫的过程。 【能力目标】 尝试构建体液免疫过程图并进行运用，提高识图、析图及语言表达能力。 【情感目标】 认同生物体局部和整体相统一的观点。		

教学过程			
时间	教师行为	预设学生行为	教学技能要素
0.5 分钟	导入新课： （1）导入方法：创设情境导入法。 （2）导入过程： ①借助图片演示引导学生回忆打预防针的经历，激发学生学习新课的兴趣。 ②由打预防针这一生活现象联系本节课的体液免疫知识。 （3）导入问题：为什么要打预防针？	回忆经历，产生疑问。 独立思考，发表见解。	◆ 导入技能（情境导入法）：有目的地引导学生联系生活实际，以提示、提问等教学活动开始，提供生活情境与理论知识之间联系的支点，从而激发学生的思维。

（续上表）

时间	教师行为	预设学生行为	教学技能要素
6.5分钟	新课学习： （1）引导学生自主学习：组织学生阅读课本第39页"体液免疫"的相关内容，了解体液免疫的过程，重点了解以下各种免疫细胞的功能：吞噬细胞、T细胞、B细胞、浆细胞、记忆细胞。 板书： §2.4 体液免疫 （2）组织学生进行小组合作学习：结合课本的图2-15，用自己的语言讲述体液免疫的过程，互相检查和补充。 （3）组织全班进行合作学习，检验学习情况： ①教师示范扮演抗原角色，引导各小组代表用自己的语言表述各免疫细胞的功能及其联系。 ②边摆正卡片边调动学生一起绘制体液免疫过程图。 ③介绍多种记忆方法，指导学生牢记体液免疫的过程。	阅读课本，初步了解体液免疫的过程。 小组合作，用自己的语言相互讲述体液免疫的过程。小组成员互相检查和补充同学的讲述内容。各代表用自己的语言表述免疫细胞的功能及其联系。跟着老师一起绘制体液免疫过程图。运用各种记忆方法，加强对体液免疫过程的记忆。	◆ 板书技能 ◆ 课堂组织技能： （1）管理性组织：维持好课堂教学秩序，用暗示法提醒学生遵守课堂纪律，参与教学活动。 （2）指导性组织：令课堂教学有序高效地进行。 ①学生阅读指导：指导学生自主学习，通过阅读课本及提问加以引导，使学生按照预定学习任务进行学习； ②学生合作学习指导：引导学生进行小组合作学习，鼓励学生各抒己见，关注课堂生成性材料的收集。

（续上表）

时间	教师行为	预设学生行为	教学技能要素
1.5分钟	课堂练习： （1）组织学生用所学知识解答一道关于体液免疫的选择题。 （2）结合学生回答的情况，讲授解题方法。	思考分析，发表意见。 认真听教师的讲解。	◆讲解技能：注意语言技能的运用，如语速适当、语调有变化。
1.5分钟	课堂小结： （1）引导学生回归导入问题：为什么要打预防针？ （2）对本节课知识进行扩展，引导学生用理论知识解释生活现象。	思考分析，加深对体液免疫的认知。 回顾体液免疫的过程，将理论知识运用到生活中。	◆讲解技能：①注意突出重点，在讲解中要对难点和关键点加以提示和停顿；②注意学生反馈，及时控制和调节课堂气氛。
设计思路说明	秉承"以学生为主，教师为辅"和"注重与现实生活联系"的教学理念开展课程学习。 　　（1）学生主宰课堂。以任务驱使学生通过自主学习，结合小组讨论法，用自己的语言表述体液免疫的过程。在整个教学过程中，学生自主选择学习方式掌握知识，教师从旁指引，辅助学生学习，及时检验学生学习的情况并做出调整。 　　（2）理论与生活实际结合。创设打预防针的生活情景导入新课，在教学过程中引导学生学以致用，令学生真真切切地感受生活中的生物知识，鼓励学生关注生活，在生活中学习并运用生物知识。		
板书设计	§2.4　体液免疫 抗原→吞噬细胞→T细胞→B细胞→记忆细胞 　　　　　　　　　　　　　　　　　　→浆细胞→抗体 消灭		

训练方法

在个人学习微格教学教案实例的基础上，采用小组讨论的方法，说出各个微格教学教案实例的特点。

训练作业

修改自己编写的生物学微格教学教案。

思考题

想一想微格教学教案实例对自己有哪些启迪。

项目 5　新课程下微格教学的目标和内容

训练目的

明确新课程下微格教学的目标和内容。

训练内容

1. 实现微格教学目标的多元化

新课程的实施使课程观念、教材内容、教学思想等发生了变化，为此，微格教学的训练内容也要相应改变，以实现微格教学目标的多元化。除了掌握十项基本教学技能外，一名合格的师范生还应该透彻理解新课程教育理念，具备对课程的整合能力、设计能力、开发能力及现代教育技术的运用能力等。在师范生的技能训练中，要根据新课程的要求来确定教学内容和目标，设计教学策略与选择教学媒体，既要开展以讲授为主的教学技能培训，也要开展以导学为主的教学技能训练；既要进行信息加工型教学模式的尝试，也要进行社会型教学模式的体验；既包括教学问题情境的设计，也包括课堂良好人际关系的建立。建立多元化的微格教学目标体系，训练师范生营造以学生为中心的课堂，实施重视学生能力培养的教学，从而适应新课程教学的要求。

2. 拓展微格教学训练内容

传统的十项教学技能训练固然重要，但教师必须及时补充"促进学生发展"的新技能，才能适应新课程改革的要求。这些新技能包括：创新技能、语言对话技能、情感体验技能、反思实践技能、教学交往技能、信息技术运用技能、课程评价技能、指导学生研究活动技能、心理教育技能等。这是在新课程理念下，微格教学发展的重要内容，已成为师范生教学技能训练教学改革的一个亮点，为新课程的实施奠定了基础。

新课程下的微格教学技能训练内容应包括以下三大类：

（1）课堂教学技能。包括传统十项教学技能以及学法指导技能、教学交往技能、合作技能、信息技术运用技能、指导学生研究活动技能、课堂评价技能等。

（2）教学准备技能。包括教学设计技能、说课技能、教学媒体选用技能。

（3）教学研究技能。包括听、评课技能，教学发展技能等。

教学发展技能是指教学技能的可持续性发展。它由教学创新技能、教学反思技能、教学研究技能组成。

①教学创新技能。是指教师在整个教学过程（包括从教学准备开始到教学实施再到教学评价）中体现出来的应变能力以及形成自己独特的教学机智和教学风格的能力。实施创新教育，培养学生的创新意识、创新精神和创新能力，这是课程改革的共识。因此，师范院校要注重培养学生的创新能力，形成自己独特的教学机智和教学风格。

②教学反思技能。是指师范生要具备反思的习惯，能根据自己的教学效果、同学的评价及教师的指导等途径来认识自身的优势与不足，扬长避短，从而使自己的教学能力得到更大的提高。

③教学研究技能。是指用科学的方法，对教学中的问题进行分析处理，从而揭示问题的本质、发现教学规律、得出科学结论的能力。这种能力影响着教师今后的成长和发展，所以它应是当代职前教师专业化发展必不可少的能力。师范生在学校期间要形成一定的科研意识，掌握科学研究的基本方法，并能独立完成至少一篇以上的科研成果论文。

在新课程改革的背景下，新时期师范生的教学基本能力应被赋予新的含义。因此，对新课程背景下师范生教学基本能力结构的建构，有利于学校对师范生教学基本能力的培养目标的制定，也有利于师范生更加系统地审视自身的教学基本能力，有的放矢地进行自我提高。

训练方法

采用指导教师讲解和学生查阅文献学习相结合的方法，要求指导教师阐明新课程下微格教学目标的多元化和训练内容。

训练作业

通过查阅相关文献，概述新课程下微格教学目标的多元化和训练内容。

思考题

想一想新课程背景下要求师范院校学生应具备哪些教学基本能力。

项目6 新课程下微格教学的训练模式

训练目的

理解新课程下微格教学的训练模式。

训练内容

1. 开展教学技能模块训练

首先，要在新课程观念下对微格教学的技能训练内容进行"重构"，以基本教学技能为重点，开展多项与新课程教学方法、理念适配的技能训练，进行教学技能的模块训练，培养师范生在具体的教学情境中发展新技能。例如，开展说课，听、评课训练；进行合作技能、课程资源的开发技能、课程结构的整合技能、现代教育技术的运用技能、班级组织管理技能、指导学生研究活动技能、心理教育技能等教学技能的变革性应用训练。其次，改变师范生在教学设计阶段的个体行为，把学生分为小组集体进行教学设计，并进行讨论和研究，以培养学生合作探究的意识。改变单一的教学技能培训模式，既有理论课形式也有实践课形式，既有课堂教学形式也有课外活动形式，既可采用传统媒体教学也可采用现代教育技术手段教学。

2. 开展教师角色的多元化以及教学模式的多样化训练

新课程下的教师角色是学生学习的参与者、促进者、指导者，是课程资源的开发者、决策者，是学生个性和谐发展的塑造者，是教育教学活动的研究者，是学生学习方式的探索者、促进者。微格教学训练要随着基础教育改革发展的变化表现出动态性和发展性，为此，在师范生的技能训练中，要强调开展以学生为中心的教学技能训练，方法上倡导以学为主的方式，提倡师生相互作用和个别化的教学方法体系，如开展活动教学、发现教学、情境教学、问题教学、探究教学训练等。

3. 教学技能训练要体现个性化特征，鼓励受训者大胆创新

由于每个受训者拥有不同的认知结构、特长、性格特点和审美观念，即使他们接受同样的技能训练，每个人也会有不同的体验。因此，微格教学训练要求对不同的受训者应采取不同的培训方式，允许受训者对已有模式加以变化，加入个人的理解，并形成适合个人特点的独特风格。对受训者打破常规的教学加以引导和支持，鼓励受训者积极开展教学创新。

训练方法

采用指导教师讲解和学生观摩优秀生物课堂教学实录相结合的方法，要求指导教师阐明新课程下微格教学的训练模式和要求。学生认真观摩优秀生物课堂教学实录，并从中受到启发。

训练作业

通过查阅相关文献，概述新课程下微格教学的训练模式。

思考题

想一想新课程中教师角色的多元化表现在哪些方面。

模块 2 备课技能

训练目标

（1）说出备课的意义和作用，掌握备课的一般程序和基本要求。
（2）能编写微格教学教案，并且进行微格教学训练。

项目 1 备课的意义和作用

训练目的

说出备课的意义和作用。

训练内容

教学工作，看似平常却奇难，形似容易实艰辛。俗话说：台上三分钟，台下十年功。能否上好一节课，关键看你课前功夫下得怎样。为了实现教学目标，教师必须认真、充分、精心地做好教学准备工作。有经验的教师都懂得：即使进行了认真的备课，有时还是教得不那么理想，不备课就更无把握。因此，备课是教学工作中一个极为重要的环节。讲什么，怎样讲，事先都要周密考虑、精心设计。教师好比导演，如果对剧本不了如指掌，对演员不彻底了解，就不会导演出内容生动、剧情感人的好戏来。教师只有对教材内容、教学对象、教学方法进行深思熟虑、融会贯通，才能把课讲得生动活泼、引人入胜。备好课不仅是上好课的重要前提和提高教学质量的基本保证，也是教师不断丰富自己的教学经验和提高文化水平、专业知识、业务能力的重要途径。对师范生来说，更是如此。

对待备课采取什么态度是衡量教师思想觉悟、工作态度和职业道德的重要尺度。教学又是一门艺术，艺术的追求是无止境的。教无止境，备课也无止境，必须精益求精、坚持不懈。在科学技术突飞猛进、知识更新日益加快、教学管理不断加强、新课程改革日趋深化的今天，更需如此。

训练方法

采用指导教师展示和讲解优秀生物教学教案的方法，让学生体会到备课的意义和作用，并从中受到启发。

训练作业

通过学习优秀生物教学教案，说出备课的意义和作用。

思考题

想一想备课在新课程实施中有何意义和作用。

项目 2　备课的内容和任务

训练目的

理解备课是长期和多要素的任务。

训练内容

备课不等于"背课"。尽管很多内容需要教师牢记，但备课的含义远比背课要广泛得多、深刻得多，概括地讲应包括：

一、备内容

1. 备课程标准

课程标准是国家根据培养目标制定的指导性文件，是编写教科书和进行教学的基本依据，是检查教学质量的主要标尺。学习、理解和熟悉课程标准是备课的基本内容。只有钻研课程标准，才能了解所授课程在本专业教学计划中的地位和作用；了解所教学科与其他学科之间的联系；弄清本课程的教学目的、任务、教材体系和"三基"内容及要求；掌握本课程内容的深度、广度及要点、重点、难点；从总体上明确在"加强基础、培养能力、发展智力、注重实践"上达到什么程度，合乎什么规格；考虑对知识、能力、思想等方面提出明确而恰当的要求。

2. 备教材

教材包括教科书、参考资料、电化教材等，它是课程标准的充实和展开，反映了课程标准的内容和要求，把学科的整体和各部分的教学目标反映得更加清晰。备教材就是钻研教材，可分为三个层次：

（1）熟悉教材。首先，通览教科书，熟悉其全部内容，同时了解与本学科有关的"已学教材"和"后续教材"的相应内容，即从教材体系上把握教学内容，弄清前后关系。其次，精通教科书，不仅知其结构、系统、梗概，而且对插图的构思、练习的安排了如指掌；不仅对每一章节、单元，明其宗旨，知其特点，而且对每一字句、每一概念，认真研读，了解其意，多问几个"为什么"，即读透教材内容。最后，不仅掌握教材内容的系统性、科学性，而且熟知教材内容的思想性、教育性，即从教书育人两个方面把握教材内容。

（2）分析教材。首先，对章与章、节与节，都要弄清其本质联系，找出其内在规律。明确让学生掌握的基本知识、理论、技能，分清让学生掌握知识的三个不同要求：了解（对知识的含义有感性的、初步的认识，能知道"是什么"，并能在有关问题中识别它们）、理解（对概念和规律——定律、定理、公式、法则等达到了理性认识，能说清"为什么"，以及与其他概念和规律之间的关系）、运用（在理解的基础上，能运用所学知识迅速、灵活地解决一些问题，即知晓"做什么"、"怎么做"，从而形成能力）。其次，找出哪些是重点章节和各章节（单元）的重点、难点，进而根据每章节（单元）的教学目的，确定每节（次）课的教学要求。最后，带着问题阅读有关参考书、资料、文献，增加知识的深广度，寻求问题的讲解角度，同时做到：深入挖掘教材的科学性，考虑如何突出重点、突破难点；挖掘教材的思想性，使思想教育寓于教材讲解之中；挖掘教材中有利于学生智力发展的潜在因素，使智力发展寓于知识传授之中；挖掘教材的趣味性，寓教于乐，使学生处于要学、爱学、好学的状态；挖掘教材的实践性，考虑理论联系实际，使能力培养寓于知识运用之中。

（3）处理教材。首先，按照教学目的，结合学生实际，恰当安排教学内容。先讲什么，后讲什么，哪些精讲，哪些简略，与已知有联系的部分怎样衔接，与其他学科相关的内容如何分工，这些都要明确。其次，可按照学生的认知过程，对教材内容进行科学的剪裁和恰当的调整，做到增删得当、详略适度、突出重点、把握关键，对必要的新思想、新观点、新技术、新工艺，要科学地结合、及时地反映，以形成一个崭新的、适宜的、完善的知识结构与体系。再次，根据教学目的和教学内容，设计教学程序，考虑相应方法，以使教材变为学生易懂、爱学的材料。最后，还要善于使用教材，既以教科书为依据，又不照本宣科，恰到好处地运用教材；既注重科学性，对教材内容进行再创造，又追求艺术性，对教学方法进行再加工；既使教材更有系统性、针对性，又使讲解更加通俗化、趣味化，成为学生能够接受、乐于接受的内容。

3. 备教参

教师要广泛阅读有关教学参考资料，开阔视野，掌握必要的新知识、新理论、新技术、新科学成就，教学知识丰富了，方能得心应手，讲解自如。在备教学参考资料时，要特别注意教材的"缝隙"，即潜伏在教材深处不易察觉的"隐蔽点"；要把握知识的"障碍点"、"闪光点"，这些内容往往隐藏着开发学生智力的引爆点，常常能起到意想不到的作用。首先，要注意教材的"缝隙"是哪些，在哪里，它们常常是一个词、一句话、一个标点、一幅简图或一种构思等。其次，要发现和选择课程资源。课程资源是指可以利用的一切物质的、空间的、电子媒介的和人员的条件。例如，要熟悉本校和学校周边可以利用的物质资源和人力资源及其在教学中潜在的利用价值，就必须用心搜集、整理和运用资料，勤查工具书，多做资料卡，以丰富自己的知识仓库，建立一个与教学相关的"知识圈"，如电子文档和纸质文档文件夹。

通过备内容，最终做到：懂、透、化。所谓懂，就是对教材的基本结构、基本思想、基本内容和基本概念都一清二楚；所谓透，就是对教材了解得详尽而深入、熟悉而精确，能理清纵横关系，掌握"字里字外"之意，融会贯通，运用自如；所谓化，就是教师的思想情感和教材的思想性、科学性融合在一起，这是备课的最高境界。

二、备学生

在重视研究课程标准和教材的同时，还要重视对学生的了解、分析和研究，这是教学取得成功必不可少的前提，也是备课的重要内容。那么要对学生了解什么、怎样了解呢？

（1）了解学生的年龄特征、个性差异、兴趣爱好、性格气质。

（2）了解学生的思想情况、品德意志、学习态度、思维方式。

（3）了解学生的认知水平和接受能力。即了解学生掌握的科学概念有哪些，了解对于所学的知识与技能，哪些学生已经掌握，已能运用；哪些学生不甚理解，运用得不太好；哪些学生虽已领会，但不深刻而容易出错。

（4）了解学生在学习上的疑点、难点及对教学的意见、建议。

了解学生除了课后调查、个别谈话，以及在劳动实习、课外活动中观察之外，更多的是观察课堂教学活动，即通过课堂提问、黑板演练、动手操作、测验考试、批改作业及分析试卷等多种渠道进行。有经验的教师还能从学生的眼神、表情及一些微小的动作等方面洞察其心理。教师要重视对学生的了解，且贯穿于教学始终，掌握其动态情况。在获得准确的大量信息之后，便可及时、恰当地设计或修订教学方案，确定分类指导的目标与措施，以便实施因材施教。备课时不仅要考虑不同层次的学生的不同要求，还应根据学生的不同特点考虑如何进行个别指导。例如，对习惯于采取记忆方法学习的学生，要侧重于调动他们从不同角度理解知识的积极性，发展其思维的灵活性；对好动脑筋、理解能力较强的学生，应防止其忽视基础知识积累的倾向，引导他们运用基础知识，发展创造性思维；对基础较弱的学生，则应视其实际，指导学法或思路，启迪智慧，让他们产生学习乐趣，奋发向上。

三、备方法

备方法，就是在解决"教什么"的基础上，落实"怎么教"，即根据教学目的、教材内容和学生实际进行教学方法的设计、选定和加工。因为方法是集教师观念、知识、经验、能力、智慧之大成，最能体现教师的功底，所以说，它是备课中的高层次内容。备方法，其实质是把教材个性、学生个性科学地组合并升华为一个大的个性化教学系统。其中也包括教师"备自身"，即教师本人对自己的教学才华作主动调整、积极挖掘，充分施展而进入角色。

备方法应包括：根据学生的认识特点，考虑如何由浅入深，从具体到抽象，从感性至理性，化抽象为形象，循序渐进地进行教学，从而突出重点、突破难点；如何导入新课，讲授新课，复习巩固，课末小结；如何引发兴趣，强化动机，吸引注意，启迪思索，鼓励创新；如何联系实际，使用什么仪器设备，采用哪些教学手段，进行什么演示和示范；安排哪些练习和作业及语言的组织、板书的设计、例题的筛选、教具的使用；如何合理安排学生活动，加强师生互动等。

备方法的要求：一是灵活多样。根据青少年好奇求新的心理特征，教学方法必须因文而异，因人而异，富于变化，努力寻求适宜的新颖方法，尽力做到"堂堂有异，课课有别"。但都必须以启发式和注重培养能力作为指导思想，坚持精讲巧练，使学生学得生动活泼，切忌千篇一律、一成不变。二是教师应有自己的教学风格，在教学实践中，要根据自己的特点"标新立异"、"别开天地"，创造出别具一格的教学方法。总之，要注重方法的优化，以使教得得心应手、轻松自如，学得情趣盎然、喜闻乐"受"，从而以最少的时间与精力获得事半功倍的最佳教学效果。

训练方法

采用指导教师讲解与学生研读课程标准和教材相结合的方法，让学生理解备课是长期和多要素的任务。

训练作业

通过学习研读课程标准和教材，说出备课的具体任务。

思考题

想一想你对课程标准和教材了解了多少。

项目 3　备课的方式和方法

训练目的

理解备课的各种方式和方法，编写课时教学计划，即教案。

训练内容

备课的方式和方法有多种，各具特色，但应注意以下几点：

一、集体备课与个人备课相结合，以个人备课为主

备课时，对于需要统一和明确的各章节、单元的目的、要求、重点等共性问题，同学科的教师可互相切磋，集思广益；但教师不能依赖"集体备课"，必须是在个人认真准备的基础上进行集体研讨。而且，最后也应根据自身情况、班级特点，由教师决定对共同研究成果的取舍和运用，并要有自己的特色。

二、一般备课与重点备课相结合，以重点备课为主

备课范围应广泛一些、全面一些，但要抓住重点。一是重点章节、单元；二是主要概念、原理、规律；三是抓纲带目，备出精华、备出创新；四是精简语句。只有"点面结合"、"点面相映"，富有创新，才能取得良好的教学效果。

三、单元备课与课时备课相结合，以课时备课为主

备课应将单元备课与课时备课结合起来，对每个单元的知识点进行合理的布局、分配，不能用同一模式处理不同的课时。备课时应通览全部教材，注意其章节内部的系统性、因果性、关联性，同时注意与相关学科的联系，从而进行单元（章节）备课，进而进行课时备课，以使前后呼应，首尾相连，

承前启后，左右配合；否则，"备一节，讲一节"、"明天课，今天备"地孤立备课，教学效果势必不佳。

课时备课要依据学情，合理地组织教材，确定好教学三维目标和教学重点及难点。教师要用好教参，了解学情，以及教学的重难点是什么，心中一定要清楚。教学要有针对性，目标要定好，既要考虑到教学的预设性，又要考虑到教学的生成性。备课时间的长短往往决定着将来教学过程的效果好坏，影响着教学的质量，建议教师多花点时间来琢磨教学目标，把目标定得实际些、有效些。

例如，人教版必修2第四章第一节"基因指导蛋白质的合成"的教学目标及分析：

依据课程标准的要求，在实施中体现出用"教材来教"而不是"教教材"。基于对教材内容的分析，针对本班学生的特点，对教材内容进行重新编排和整合，增加"探究科学家发现转录过程"的三个实验，供学生观察、讨论、分析，自己推导出正确的结论。

基于这些考虑，把知识目标确定为：概述遗传信息的转录过程，说明基因和遗传信息的关系。把情感、态度与价值观目标确定为：体验基因表达过程的和谐美，基因表达原理的逻辑美；参与讨论与交流，学会合作；认同人类探索基因表达奥秘的过程仍未终结。把能力目标确定为：分析经典实验，得出结论；运用类比和对比的方法进行学习，抓住关键，掌握本质；运用已有的知识和经验提出问题。

又如，人教版必修3第二章第四节"免疫调节"的教学目标及分析：

1. 知识目标

从免疫器官、免疫细胞、免疫分子三个层次概述免疫系统的组成；说出B淋巴细胞和T淋巴细胞的来源、成熟部位以及集中分布的场所；举例说出免疫系统的防御、监视和清除功能；概述免疫系统实现免疫防御的三道防线；概述细胞免疫和体液免疫的大体过程及相互关系。

2. 能力目标

通过创设问题情境、小组自学与讨论，培养自学能力和比较、分析、判断、归纳等思维能力。

3. 情感目标

通过学习体液免疫和细胞免疫的过程与两者的关系，认识到生命的物质性、生命运动的多样性，树立普遍联系的观点；通过了解艾滋病的传播途径和预防措施，关注这一全球性问题，切实关爱社会、关爱艾滋病人；通过了解免疫学与实际生活的关系，认识到科学的发展对人类的健康和发展的重要性，建立科学的价值观，进一步探讨科学、技术与社会的关系。

4. 教学重点及难点

体液免疫和细胞免疫的过程及关系。

课时备课要求做到教学有创新性，具体有如下几点：

（1）内容创新。教学情境创设独特，教学内容理解独特。

（2）手段创新。实验手段设计效果显著，教具、多媒体课件设计、现代教育技术应用等有创意。

（3）形式创新。课堂教学活动组织、实施、过程评价有特色，互动性强，学法指导恰当等。

四、学期前备课、周前备课与课前备课相结合，以课前备课为主

教师利用寒暑假时间集中、思考集中、大脑思维处于最佳状态的特点，提前备出一学期或几周的课是非常有必要的。但上课前进行再备课，更必不可少。如果说学期前备课是粗备，那么周前备课就是细备，而课前备课则属精备。课前备课包括：重新审查教案，熟悉全课的进程，可把教案当成"剧本"，在脑海里"预演"一遍，预测一下效果，必要时作修改；准备直观教具、演示实验和考虑教法，以及充分估计课堂中可能出现的问题和采取的对策等。这样，一可弥补遗忘，二可增强记忆，三可相机调整已有教学方案，四可做好上课心理与物质准备。

五、编写教案与运用教案相结合，以运用教案为主

编写教案就是把备课中所研究的主要成果加以整理、概括、归纳，并按照教学要求用文字书写出来。它记录了教师对教材的组织、安排和教学程序，以及教学方法和手段的设计与运用。这是备课的最后环节，也是教师业务基本功的集中体现，无论是新教师还是老教师，对此都应做到一丝不苟。然而，在一般情况下，教案都是提前写成的，编是手段，用是目的。因此，在上课前还要熟记教案，以便更好地运用，这是课前备课的最后一环，也是非常重

要的一步。因课堂上情况多变，故在熟记教案的同时还应有各种思想准备，以便在上课过程中做到熟练生动、适应动态、灵活掌握。

六、课前备课与课后备课相结合，以使备课更完善

所谓课后备课，是指每讲完一节（次）课，要进行回顾、反思，做好小结。它是备课和教案的重要组成部分，因为它是在课堂教学实施之后进行的，故称为"课后备课"。教师可通过"教后记"对课前备课与课上实践进行经验总结，找出不足，修改提高，使备课—上课—再备课—再上课循环往复，螺旋上升。

备课既要备在眼里、备在心中，又要备在口中、备在手上。它是教师创造性劳动的一个重要组成部分。虽说备课是艰苦的劳动过程，但其中也充满着艺术和乐趣。当你在这项劳动中真正付出心血、流下汗水时，就会获得收益，感到欣慰、乐趣无穷。

七、学习优秀生物教学教案

课例 1

必修 2　第三章　第四节　基因是有遗传效应的 DNA 片段

一、教材内容分析

本节课是人教版高中生物必修 2 第三章第四节的内容。课题"基因是有遗传效应的 DNA 片段"一句话就点明了基因与 DNA 的关系。这一表述虽然言简意赅，但学生理解起来难度较大。首先让学生认识到：一个 DNA 分子不等于一个基因，基因是 DNA 的片段，然后指导学生理解什么是有遗传效应的 DNA 片段。具体根据教材提供的资料 1，让学生得出"一个 DNA 上有多个基因"的结论；然后分析资料 2，将海蜇的一段 DNA 转入鼠的体内，结果鼠也有了原来没有的特征，让学生分析得出：所谓的遗传效应就是通过一定方式能决定生物的某个具体特征。还可以通过人的每个个体细胞中有多少条染色体、多少个 DNA 分子、多少个基因这样的问题来说明前面这两个关键点。这样学生就会明确：一个 DNA 分子有许多基因，反过来讲，基因就是 DNA 分子的片

段。此时教师追问学生：是否 DNA 的任何片段都可称为基因？让学生对这个课题有更深的理解。

基因具有遗传效应，对于生物体来说，效应的不同就意味着基因的不同，地球上的生物千差万别，那么基因如何保证包含的遗传信息各不相同呢？这个过程可通过探究活动来完成，即利用数学能力解决生物学问题。

二、学情分析

学生在前面已经接触了"DNA 是主要的遗传物质"这一概念，也知道了 DNA 的结构和复制，但是对于通常所知道的基因和 DNA 之间是什么关系却是模糊的。在平常的生活中，学生接触更多的是基因而非 DNA 这个概念，所以学生对于两者之间的关系是挺期待的。利用学生对这一问题的期待，课前先让学生去收集基因方面的研究动态信息，有利于学生直观地接触基因的知识，化解难点，为下一章基因指导蛋白质的合成和控制性状的学习打好基础。

三、教学策略

利用网络和课本的资料让学生从身边的例子中感受基因的存在，从现象到本质地去认识基因的结构和基因与 DNA 之间的关系，深入了解基因多样性的原因。教学要发挥学生的主体作用，让学生利用自己喜欢的学习工具来获得知识，利用数学知识去认识和了解 DNA 的特异性和多样性。培养综合思维能力和良好的判断能力，让学生从知识的学习中领悟科学研究的严谨性和创新性。

四、教学目标及分析

1.知识与技能
（1）了解染色体、DNA 和基因三者之间的关系以及基因的本质。
（2）了解多样性和特异性的原因。
2.过程与方法
（1）培养学生的逻辑思维能力，使学生掌握一定的科学研究方法。
（2）掌握分析材料的方法。
3.情感态度与价值观
通过介绍 DNA 技术，对学生进行科学价值观的教育。
4.教学重点
（1）基因是有遗传效应的 DNA 片段。

（2）DNA分子的特异性和多样性。

5.教学难点

脱氧核苷酸序列与遗传信息的多样性。

五、教学资源

多媒体课件、投影仪、指纹识别的原理图。

六、教学过程

1.课前准备

（1）教师准备关于基因这个概念发展过程的资料。

（2）让学生利用网络去收集有关基因的概念和研究进展，要求各学习小组整理好本小组的资料。

2.问题情境

引言：通过第一节的学习，我们知道，科学家通过实验已经证明DNA是主要的遗传物质，但在生活中常常听到的是：某人聪明，是他父母的基因好；某家族读书人多，老百姓说他家有书种；还有科学家在进行人类基因组计划的研究，那么基因与DNA是什么关系呢？

3.师生互动

教师：我们课前布置各学习小组去收集有关基因研究的资料，各小组做得怎样？（抽2~3个组进行检查、汇报，给予积极的评价）同学们都很积极地去了解基因的知识，相信资料的收集和整理会有助于我们这节课的学习。现在就让我们共同来解决这个问题。大家想了解基因和DNA究竟是什么关系，是吧？那么请阅读课本第55~56页的资料。

教师：从资料1你能得出什么结论？

学生：从资料1可以看出大肠杆菌一个DNA上含有多个基因，说明基因是一段DNA。

教师：从资料2你能得出什么结论？

学生：把海蜇的绿色荧光基因转入鼠的体内，鼠的体内出现了以前没有的荧光，说明基因有遗传效应。它可以独立于该DNA与其他的片段，并作用于其他生物而独立起作用。

教师：从基因可以拼接但并不影响表达，你能得出什么结论？

学生：基因是特定的DNA片段，可以切除，可以拼接到其他生物的DNA上去，从而获得某种性状的表达，所以基因是结构单位。

教师：从资料 3 你能得出什么结论？

学生：人体中构成基因的碱基对组成比较少，所占比例不超过全部碱基总数的 2%。这说明并不是随便一段 DNA 就可以称为基因。基因是一段 DNA，但是一段 DNA 不一定是基因。

教师：从资料 4 你能得出什么结论？

学生：没有 HMGIC 基因就没有肥胖的表现，有 HMGIC 基因就有肥胖的表现。这说明基因能控制生物的性状。

教师：综合以上资料你能得出什么结论？

学生：把四个资料的结论放在一起，我们可以得出这样的结论：基因是有遗传效应的 DNA 片段，它是生物体遗传的功能单位和结构单位。但不能说基因的总和就是 DNA，应该是 DNA 等于基因和非基因片段。

教师：（把学生说的重点重复一遍后并板书，引入下一个话题）作为遗传物质，DNA 一定要蕴含大量的遗传信息，但它是否足以储存大量的遗传信息？若 1 个碱基对组成 1 个基因，4 个碱基能形成多少种基因？

学生：只能形成 4 种，分别是 A—T、T—A、G—C 和 C—G，形成的种数为 4^1。

教师：若 2 个碱基对组成 1 个基因，4 个碱基能形成多少种基因？

学生：可形成 16 种，形成的种数为 4^2。

教师：如果是 10 个碱基对能形成多少？

学生：形成的种数为 4^{10}。

教师：通过这样的分析，你认为 DNA 4 种碱基排列顺序能不能储存丰富的遗传信息？

学生：DNA 分子中碱基相互配对的方式虽然不变，但长链中碱基对的排列顺序是千变万化的，所以足以储存大量的遗传信息。如一个最短的 DNA 分子大约有 4 000 个碱基对，这些碱基对可能的排列方式就有 $4^{4\ 000} = 10^{2\ 408}$ 种。实际上，构成 DNA 分子的脱氧核苷酸数目是成千上万的，其排列种类几乎是无限的，这就构成了 DNA 分子的多样性。

教师：你是如何理解多样性的？

学生：不同的 DNA，碱基的个数不同，排列顺序也是不同的，这样就形成了不同的 DNA，所以 DNA 的多样性就是指 4 种碱基千变万化的排列顺序。

教师：地球生物的特征是由 DNA 决定的，对人类来说就有 60 亿，那么对于某个基因来说，碱基排列完全相同的情况会不会出现呢？假如决定脸型的 1 个基因只有 17 个碱基对组成，那么这种排列有多少种可能？

学生：4^{17} 种。大约为 172 亿种。

教师：这样的排列是否有机会都出现？

学生：没有机会。因为人类的总数远远少于组合的可能数。

教师：两人出现相同脸型的可能性有多大？

学生：1/172 亿。可能性太小，可以忽略不计。

教师：你如何理解 DNA 的特异性？

学生：每个特定的 DNA 分子都具有特定的碱基排列顺序，这种特定的碱基排列顺序就构成了 DNA 分子自身严格的特异性。这种排列是其他 DNA 没有的，可以理解为独有的，有别于其他基因的特征。

教师：（肯定学生的答案，并询问其他同学的意见。待大家取得一致的意见后，教师精讲）基因是有遗传效应的 DNA 片段。这就是说，基因是 DNA 的片段，但必须具有遗传效应（指具有复制、转录、翻译、重组、突变及调控等功能）。有的 DNA 片段属于间隔区段，没有控制性状的作用，这样的 DNA 片段就不是基因，那它有何作用呢？我以后会告诉大家。

基因不同，则其脱氧核苷酸的排列顺序也不同。基因中脱氧核苷酸的排列顺序就代表着遗传信息，而基因中脱氧核苷酸的排列顺序又导致了控制不同性状的基因之间的差别。归根到底，生物性状的遗传就是基因通过 4 种脱氧核苷酸的序列来传递和表达信息的。

4. 课堂评价反馈

1. 下列关于 DNA、基因、染色体的叙述，错误的是（ ）

A. 基因是有遗传效应的 DNA 区段

B. DNA 是遗传信息的主要载体

C. DNA 分子在染色体上呈念珠状排列

D. DNA 的相对稳定性决定染色体的相对稳定性

解析： DNA 分子在染色体上呈线性排列，而非念珠状。

答案： C。

2. 人类遗传信息的携带者是（ ）

A. DNA 和 RNA　　B. DNA 或 RNA　　C. DNA　　D. RNA

解析： 人是有细胞结构的生物，所以是以 DNA 为遗传物质的。

答案： C。

3. 下列有关 DNA 与基因的关系的叙述，正确的是（ ）

A.基因是碱基对随机排列而成的 DNA 片段

B.一个 DNA 分子上有许多个基因

C.DNA 的碱基排列顺序就代表基因

D.组成不同的基因的碱基数量一定不同

解析：基因不是碱基随机排列而成的 DNA 片段，所以 A 项不对；只有有遗传效应的 DNA 片段才是基因，所以 C 项不对；基因不同但碱基数量可能相同，只要碱基的排列次序不同，就可以说明是不同的基因，故 D 项不对。

答案：B。

4.DNA 分子结构多样性的原因是（ ）

A.碱基配对方式的多样性　　　B.磷酸和脱氧核糖排列顺序的多样性

C.螺旋方向的多样性　　　　　D.碱基对排列次序的多样性

解析：DNA 中碱基配对方式是固定的，只能 A 和 T、G 和 C 配对；磷酸和脱氧核糖的排列顺序是交替排列的；螺旋的方向是向右螺旋的。

答案：D。

5.有关 DNA 的结构的叙述，不正确的一项是（ ）

A.每个 DNA 分子都含有 4 种脱氧核苷酸

B.每个 DNA 分子中核糖上连接一个磷酸和一个碱基

C.DNA 分子两条链中的碱基通过氢键连接起来，形成碱基对

D.双链 DNA 分子中，某一段链上若含有 30 个胞嘧啶，就一定会同时有 30 个鸟嘌呤

解析：DNA 上只有脱氧核糖，没有核糖，所以 B 项错。

答案：B。

6.DNA 指纹技术也可以帮助人们确认亲子关系，这是因为（ ）

A.每个人的指纹大多相同

B.每个人的指纹是不同的

C.不同个体的相同组织中的 DNA 指纹是相同的

D.DNA 技术是检测 DNA 上的碱基种类

解析：每个人的 DNA 是不同的，所以指纹是不同的，A 项错；不同个体的相同组织中的 DNA 是不同的，所以指纹也是不同的；DNA 技术是检测 DNA 上碱基的排列次序的特异性，并不是检测碱基种类。

答案：B。

5. 课堂小结

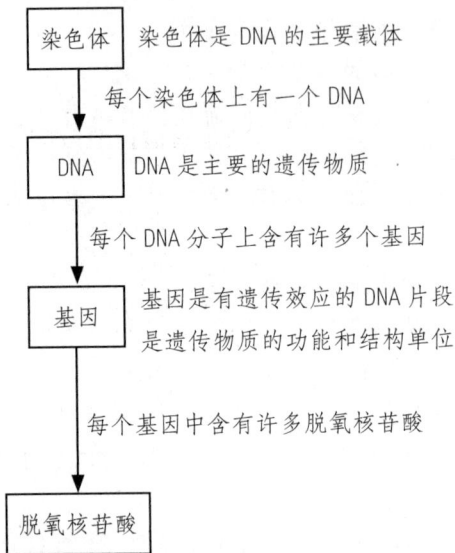

6. 布置作业

课本第 58 页"一、基础题"。

7. 课后拓展

DNA 扩增技术又称为 PCR，中文译为多聚酶链式反应，其实是一种 DNA 的快速扩增技术，类似于 DNA 的天然复制过程。PCR 由变性—复性—延伸三个基本反应步骤构成。PCR 在人类社会生活中的应用也越来越广泛。比如说"DNA 指纹"，科学家们只需要一根头发甚至一个细胞就可以完成 DNA 指纹的鉴定工作，这里实际上就要采用 PCR 技术，因为一个细胞中的 DNA 含量实在太少了，人们根本不可能检测到它的指纹；有了 PCR 技术就好办了，通过 PCR 技术把这个细胞中的 DNA 片段扩增 1 000 万倍，这样 DNA 量就足够做指纹鉴定了。PCR 技术有如下几个特点：一是被扩增的 DNA 所需量极少，从理论上讲，一个分子就可以用于扩增了；二是扩增效率高，几个小时就扩增 1 000 万倍以上。1995 年，美国科学家 Mulis 凭此成果获得了诺贝尔化学奖。

根据以上材料，提问：

（1）你认为 DNA 指纹对待检测样品有何要求？

（2）假如待检测样品很少，你有何方法增加样品的数量？

提示：

（1）待检样品应该是纯净的，不能含有其他生物的 DNA。

（2）可利用 DNA 复制原理，进行 DNA 的扩增，以增加样品的数量。

8.板书设计

> **第四节　基因是有遗传效应的 DNA 片段**
>
> 1.基因是什么？
>
> 基因是有遗传效应的 DNA 片段，它是生物体控制性状的功能单位和结构单位。
>
> 2.DNA 片段如何蕴藏遗传信息？
>
> 3.四种碱基的排列顺序蕴藏着遗传信息。
>
> 4.DNA 的特点：多样性、特异性、稳定性。

七、教学反思

（1）本节课从学生的反应来看是成功的，这体现在学生回答问题比较踊跃，回答得也比较到位。为什么能做到这点呢？一是课前对学生布置了任务，让学生通过亲身的探究来了解未知的问题，对要学的内容有了初步的了解；二是用好了课本的资料，通过分析资料和小组讨论，提高了对问题的认识，看似复杂的问题通过学生分析和讨论变得简单多了。

（2）学生对问题的认识是有差异的，从小组汇报的结果来看，这个现象是存在的，但在汇报中，各个小组之间通过互相学习和借鉴，学到了自己不了解的知识，增强了学习的有效性，在课堂上进行开放式学习有利于学习效率的提高与知识的拓展。

（3）对于数学知识与生物知识的结合，在遗传知识的学习中是比较常见的。从第一章遗传规律的学习到这一章我们都可以看到，学生会发现很多生物的问题利用了数学知识后都会变得容易理解，也会领悟到学科之间的紧密联系，这为学生解决问题提供了一个有效的途径。

八、课例评析

（1）本节课充分发挥了学生的主体性与主动性，让学生在课前利用网络预先了解基因的概念和基因研究的进展，为课堂上的学习打下良好的基础，事实证明这个措施是有效的。网络的知识资源是丰富的，我们运用得好，可以为教学提供强大的信息支撑，减少课堂的时间压力，增大课堂教授的容量，增加课堂的思考和讨论时间，让学生学得更深入，理解得更透彻。

（2）本课有数学知识与生物知识的结合内容，利用学生在数学课上所学的排列与组合知识解决问题，有助于学生认识基因多样性的原因，化复杂为简单，收到不错的学习效果。

（3）本节课从容易的问题入手，通过课本的资料分析，层层深入，抽丝剥茧，引导学生认识基因与 DNA 的关系，理解 DNA 的结构特点，使学生在学习的过程中不会感到枯燥和难懂，课堂反馈有力地巩固了学生的知识，可以看出本节课的课堂结构合理，教学策略运用科学，师生互动有效，学习形式多样，教学效果明显。

课例 2

必修 2　第四章　第一节　基因指导蛋白质的合成

一、教材分析

本节课是人教版高中生物必修 2 第四章 "基因的表达" 的第一节内容。集中讲述的是基因指导蛋白质合成的内容。课程标准中与本节教学相对应的要求是：概述遗传信息的转录。"概述" 是理解水平的要求，即要求学生能够把握知识的内在逻辑联系，能够与已有的知识建立联系，进行解释、推断、区分和扩展等。要达到理解层次的目标，需要引导学生运用已有知识和观点思考和讨论相关的问题。

二、学情分析

（1）通过前几章的学习，学生已经知道 DNA 是主要的遗传物质、DNA 上携带遗传信息、基因是有遗传效应的 DNA 片段、基因决定性状等知识。利用这些基础知识，学生将要继续学习基因是如何通过指导蛋白质的合成来控制形状的，即基因的表达。

（2）学生已经了解了分子遗传学研究的一些常用实验方法，如同位素标记法、密度梯度离心法、核酸分子杂交技术等。

（3）本班级为理科实验班，是一个 "英才群体"。学生思维活跃，理解力强；学科基础知识掌握得较好，逻辑推理能力较强；能够通过观察、分析后做出科学判断，进而总结出正确的结论。

三、教学目标及分析

依据课程标准的要求，在实施中体现出用"教材来教"而不是"教教材"。基于对教材内容的分析，针对本班学生的特点，对教材内容进行重新编排和整合，增加"探究科学家发现转录过程"的三个实验，供学生观察、讨论、分析，自己推导出正确的结论。

基于这些考虑，把知识目标确定为：概述遗传信息的转录过程，说明基因和遗传信息的关系。把情感、态度与价值观目标确定为：体验基因表达过程的和谐美，基因表达原理的逻辑美；参与讨论与交流，学会合作；认同人类探索基因表达奥秘的过程仍未终结。把能力目标确定为：分析经典实验，得出结论；运用类比和对比的方法进行学习，抓住关键，掌握本质；运用已有的知识和经验提出问题。

四、教学资源

投影仪、多媒体课件。

五、教学策略

在教学设计中，本节课充分考虑引领学生追随科学家的脚步，探究遗传信息转录的过程，犹如经历了科学家孜孜以求的探索过程。在探究过程中，教师通过问题串的设定引发学生思考；在分析实验结果、得出实验结论的过程中，让学生深刻感受到科学态度、创新思维、科学方法对获得科学结论、取得重大发现是多么重要，并从中让思维得到启迪。

在讲解转录的过程中，针对学生基础好、能力强的特点，教师让学生通过阅读教材获得相关信息，再由师生共同总结来理解转录的过程，最后要求学生用自己的语言来概述转录的过程，从而很好地落实了知识目标，体现了在教学中把握基础的特点。

最后，教师提出问题："如果你是一名从事转录研究的分子遗传学家，还有哪些问题需要继续探究？"学生通过自己的思考，提出了一些问题，既认同了人类探索基因表达奥秘的过程仍未终结，又提高了运用已有知识和经验提出问题的能力。

六、教学过程

环节1：利用"阿凡达"照片，引入课题。

讨论分析：①生物的形态特征和生理特征叫什么？②性状的承担者和体现者是什么？③性状是由什么决定的？④基因是如何控制性状的？

板书：

基因指导蛋白质的合成

环节2：分析"伽莫夫设想"，指出RNA的存在和作用。

一天，沃森和克里克收到了一封来自一个名叫伽莫夫的物理学家的信。在信中，他表示他对DNA如何控制蛋白质的合成非常感兴趣，并且提出了自己的设想。他认为DNA结构本身就是蛋白质合成的直接模板。

讨论分析：DNA能直接作为模板指导蛋白质合成吗？

结论：在DNA与蛋白质间应有一种物质作为媒介，克里克推测这种物质可能是RNA。

环节3：分析Gold变形虫核移植实验，指出RNA可以作为DNA和蛋白质间的媒介。

1955年，Laster进行了Gold变形虫的核移植实验。A组变形虫用放射性同位素标记的尿嘧啶核糖核苷酸来培养，发现标记的RNA分子首先在细胞核中合成；B组变形虫未用放射性同位素标记的尿嘧啶核糖核苷酸来培养，变形虫的细胞核和细胞质中均未发现有标记的RNA。在适当的时候，用这两组变形虫进行核移植实验。将A组变形虫的细胞核移植到B组变形虫的细胞质中，将B组变形虫的细胞核移植到A组变形虫的细胞质中，分别观察培养，可发现大部分标记的RNA相继从细胞核中转移到细胞质中。

通过多媒体模拟实验过程，学生讨论分析：①用 ^3H 标记尿嘧啶的方法叫什么？② ^3H-U可用于合成什么物质？③RNA在细胞中什么部位合成，合成后可运输到哪里？④如果不进行核移植实验，能否得出同样的结论呢？

结论：如果RNA能携带DNA上的遗传信息来指导蛋白质的合成，就真正成为DNA和蛋白质间的媒介。

板书：

DNA→RNA→蛋白质

环节 4：RNA 的结构特点。

过渡：RNA 分子的结构有怎样的特点呢？

讨论分析：①RNA 的基本组成单位是什么？②核糖核苷酸和脱氧核糖核苷酸有什么区别？③RNA 与 DNA 的空间结构有什么不同？

环节 5：分析 Marmur 噬菌体侵染枯草杆菌实验，得出转录以 DNA 一条链为模板。

过渡：DNA 上的遗传信息是如何传递到 RNA 上的呢？我们把 DNA 上的遗传信息传递到 RNA 的过程叫作转录。转录是以 DNA 为模板进行的。

讨论分析：①DNA 分子的复制是以几条链为模板进行的？②转录是否也以 DNA 的 2 条链为模板进行的呢？③转录以 DNA 的几条链为模板呢？

环节 6：分析 Marmur 噬菌体侵染枯草杆菌实验，得出转录以基因为基本单位。

1958 年，Marmur 和 Duty 利用 DNA-RNA 杂交技术，采用侵染枯草芽孢杆菌的噬菌体 SP8 为材料进行实验。

实验者在 SP8 侵染后，从枯草杆菌中分离出 RNA，分别与 DNA 的重链和轻链混合后并缓慢冷却。他们发现 SP8 侵染后形成的 RNA 只跟重链结合成 DNA-RNA 杂合分子。

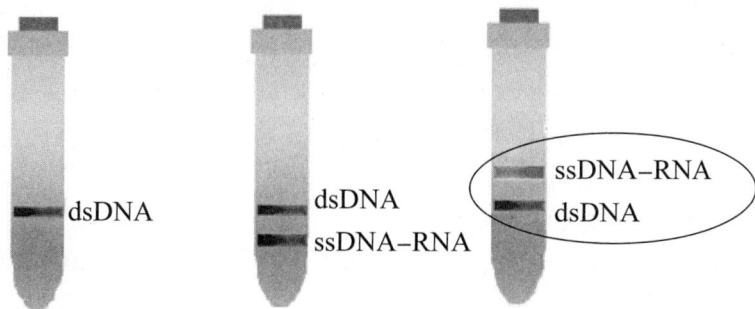

dsDNA

dsDNA
ssDNA–RNA

ssDNA–RNA
dsDNA

过渡：转录是否以 DNA 分子的整条链为模板呢？

板书：

DNA 一条链 ➤ RNA

模拟实验过程（提示：相同碱基数的单链 DNA 比单链 RNA 轻），学生讨论分析：①在本实验中，用到了哪些生物学方法？②在密度梯度离心中，质量大分子在试管的什么位置？③如果 DNA-RNA 杂交带在双链 DNA 带的下方，说明什么？④如果 DNA-RNA 杂交带在双链 DNA 带的上方，说明什么？

总结：科学家发现转录的过程。

环节 7：概述转录的过程。

学生任务：

（1）学生观看动画，阅读教材中的转录模式图，分析讨论：

①解旋时 DNA 链完全解开吗？需要哪些条件？

②碱基间配对遵循什么原则？碱基间靠什么键连接？

③核糖核苷酸间靠什么键连接？需要哪些条件？

④转录形成的 RNA 通过细胞核的哪一结构进入细胞质中？DNA 如何变化？

（2）请学生概述转录过程。

评价学生概述的情况，并提出问题：

①转录形成的 RNA 核糖核苷酸排列顺序是随机、无序的吗？

②RNA 核糖核苷酸排列顺序是受什么控制的？

③基因上的碱基对排列顺序代表什么？

总结：转录就相当于把基因上的遗传信息转移到这种 RNA 上，再由这种 RNA 传递到蛋白质，从而实现基因指导蛋白质的合成。我们把这种 RNA 叫作信使 RNA，它就是基因和蛋白质间的信使。

④一个 DNA 分子可以转录成多少种 mRNA，数量分别是多少？

⑤介绍转录形成的 RNA 的种类。

（3）分析转录的场所和时期。

板书：

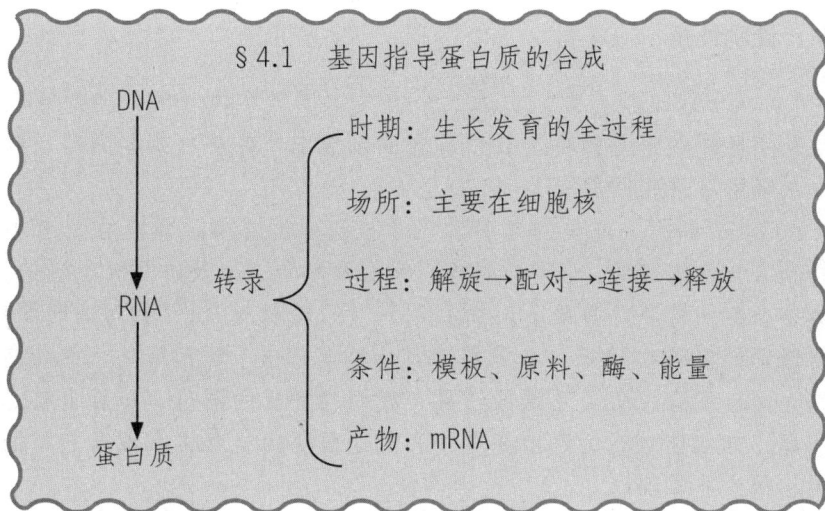

§4.1　基因指导蛋白质的合成

DNA
↓
RNA　转录
↓
蛋白质

时期：生长发育的全过程

场所：主要在细胞核

过程：解旋→配对→连接→释放

条件：模板、原料、酶、能量

产物：mRNA

七、教学反思

（1）本节课的教学方式是针对学生基础好、能力强、自觉性强的特点来设计的，以问题情境引入，力求在基因与生物的性状之间架起一座桥梁，让学生探究基因与性状之间是如何联系的，最后以科学探究实验来引导学生明白基因是通过转录把 DNA 上的遗传信息转移到 RNA 上，再由 RNA 上的核苷酸排列顺序来决定蛋白质中氨基酸的排列顺序的，使学生清楚基因与蛋白质之间存在的自然的内在联系。

（2）学生在学习的过程中跟着探究实验的步伐一步步分析转录的过程和条件，以科学家的身份去探求为什么要进行转录，转录的模板、原料和特点与 DNA 的复制有何不同，虽然不是真的在做实验，但通过实验过程的分析与研究，学生仿佛置身于科学研究中，体会了实验的方法、思路、态度，培养了科学精神，提升了科学素质，渗透了知识、能力与情感态度和价值观教育，并且乐在其中，情绪兴奋，思维活跃，课堂上充满活力，也让教师尝到了成功的甜头。

（3）本节课对于思维强的学生是适合的，但对于基础不够好的学生，恐怕教师要多注意点拨与启发，以提问题的方式来带动学生思考基因为什么不能直接控制蛋白质的合成，在控制的过程中有哪些难点，需要什么条件等问题，这样学生才能明白其中的道理。不要一味地问和答，这样会让学生无法领会实验的目的和结论，要根据学生的实际情况做出适当的调整。

八、课例评析

（1）本节课比较巧妙地引入几个有关本课教学内容的经典探究实验，让学生从实验中领悟基因决定蛋白质合成过程中需要解决哪些问题，以及用什么办法来解决这些问题。

（2）本节课的一连串问题引发了学生深深的思考，学生在思考中了解了生物DNA转录的目的、条件、场所、过程和特点，以及与DNA复制的异同，看上去复杂的问题变得简单了，这是教师"教"教材比"用"教材高明的地方。这需要教师的经验和智慧，也需要教师对学生充分了解和信任。成功的课堂教学都是师生配合、心灵互通的结果。我们在赞叹的同时，是否也在思考着一个问题：如何让自己的课也变得精彩？这需要师生双方在准备充足的基础上心灵相通才能实现。

（3）我们提倡要遵循教育教学规律，倡导用新课程理念来指导自己的教学，但事实上成功的案例却不多，一方面是教师缺少研究，另一方面是我们的学生还习惯于传统的接受式教学，愿意跟在教师的后面来学习，怕出差错，怕教师批评，所以构建和谐、民主的课堂氛围是很重要的。我们一定要选择适合学生的教育，不要选择适合教育的学生。只有理念正确了，教学才能进步。

课例 3

"生物圈"教学设计

一、教材分析

这一节是鲁教版初中生物七年级（上册）第一单元"生物和生物圈"第二章"生物圈是所有生物的家"第一节"生物圈"的教学内容。

人和生物都生活在生物圈中，生物圈为生物的生存提供了基本的条件。生物的生存、延续和发展与生物圈息息相关，生物圈是所有生物的共同家园。这个单元的教学内容，旨在使学生认识到"家"中有很多成员，他们相互依存、相互影响，处在动态变化之中。随着人类社会的发展，人类的活动对生物圈的影响越来越大，保护和改善环境是人类的迫切愿望。加强环境教育，提高中学生的环境意识，正确认识环境问题的现状，学习解决环境问题的知识和观念，并使学生的行为与环境相和谐，这是时代和社会发展的需要。

二、学生分析

中学生具有很强烈的好奇心、表现心、求知心以及怀疑心。他们朝气蓬勃，热爱大自然，对新奇的事物充满好奇，希望探索其中的奥妙。因此，教师要布置贴近学生生活的作业，为他们提供一个适合个性发展的空间，激发和培养他们的创造性。七年级的学生虽然没有学过生物学知识，但他们从小学的"自然"课程及电视节目中已了解了许多生物学的知识。他们能说出各种各样生物的名称、地球上哪些地方有生物生存等，但没有形成"生物和其生存的环境"的整体体系——生物圈的概念，不知生物和生存环境是相互依存的关系，生物圈为生物生存提供了基本条件这一基础观念，且综合分析能力不强。这就要求教师应在教学过程中不断地引导、启发、培养。教师可根据以上特点，逐步引导学生进行探究，让学生自主地解决问题，掌握知识。

三、教学目标

1. 知识目标

（1）描述生物圈的范围。

（2）说出生物圈为生物的生存提供的基本条件。

（3）尝试搜集和分析资料。

（4）认同生物圈是所有生物共同的家园，我们应当了解和爱护这个家。

2. 能力目标

（1）使学生初步具有搜集、处理图文资料，运用观察、分析、比较等方法解决生物学问题的能力。

（2）使学生能通过组织语言来表达自己的观点，提高学生的口头表达能力。

（3）培养学生合作讨论问题的意识，提高探究学习的能力。

3. 情感态度与价值观

（1）使学生认识到自己是生物圈大家庭中的一员，应该积极、主动地认识并保护它。

（2）培养学生相互合作的精神，学会尊重和理解他人发表的见解。

四、教学策略

根据基础教育课程改革的具体目标，教师应改变课程过于注重知识传授的倾向，强调以活动教学方式为主，通过形式活泼、内容丰富的活动激发学生的学习热情和学习兴趣，在满足学生表现欲的同时，提高学生的创造力，力求在整个教学中体现出"三维"教学目标。

五、教学过程

教学内容	教与学的活动过程		预期教学目的和效果
	教师活动	学生活动	
一、创设问题情境，引导学生思考、讨论，导入课题	（1）播放歌曲《大中国》，教师和学生齐唱。		让学生体会到家的温馨和重要性。
	（2）歌中唱道："我们都有一个家，名字叫'中国'。"同时，我们全世界人民还生活在一个比中国还大的家，教师引导学生回答这个家的名字。		让学生对生物圈有个初步的理性认识。
	（3）比喻：地球——足球 生物圈（地球的表层）——一张薄纸 既然如此，你想了解这个家吗？ 引入课题：生物圈。		使学生在轻松而又好奇的氛围中愉快地进入角色，开始本课的学习。
二、学生通过讨论、角色扮演等实践活动，学习新知识	（1）说一说：地球上哪些地方有生物？	（1）证一证：阅读课本第11、12页"生物圈的范围"，看看科学家的观点是否与自己的相同。	给学生自由发言的空间和时间，让学生主动参与学习活动，培养学生良好的学习习惯。
	（2）提出问题：通过验证，哪些同学的观点和科学家的一样，一起交流一下，可以吗？	（2）引导学生概括出：以海平面为标准划分，向上可达到约10 000米的高度，向下可深入约10 000米的深处，整个厚度约为20 000米。	

（续上表）

教学内容	教与学的活动过程		预期教学目的和效果
	教师活动	学生活动	
1. 生物圈的范围	（3）提出问题：在这个 20 000 米的厚度中，可以把生物圈划分为几个圈层呢？	（3）角色扮演：全班学生分成三大组，每组代表一个生物圈层进行讨论，并作汇报表演。 （4）表演结束，学生概括出生物圈的范围： 大气圈的底部 水圈的大部 岩石圈的表面	让学生自由组合成小组进行交流活动，利用角色扮演，调动学生学习的主动性和积极性，使学生处于学习的主体地位。学生在扮演的过程中，既掌握知识、发展能力，又养成积极的情感态度与价值观。这有利于学生合作精神的培养和语言表达能力的提高。
	（4）由此介绍：水圈、大气圈和岩石圈是截然分开的吗？ （5）设疑：为什么生物圈中有生物，其他地方没有呢？	（5）让学生自己先猜想，再举例说明。 （6）结论：不是。 （7）学生思考。	有利于培养学生主动探索、勇于想象的科学精神。 引入下一个学习知识点。

（续上表）

教学内容	教与学的活动过程		预期教学目的和效果
	教师活动	学生活动	
2. 生物圈为生物的生存提供了基本条件	（1）引导学生带着问题观察、比较课本第12、13页的6幅图片。	（1）讨论:学生分成6大组(确定1人为组长,及时、准确地记录该小组成员的活动情况,作为学期成绩参考)。 （2）讨论题: ①向日葵生长需要什么条件?长颈鹿的生活需要什么条件? ②向日葵和仙人掌、牛和海豚的生存条件有什么异同? ③为什么干旱会使粮食严重减产? （3）汇报结果:以组间竞赛的形式,每组推选一名代表,说出该组讨论的结果,其他组成员和教师做评委,对各组的作答给予适时、恰当的评价。 （4）小结: 讨论1:向日葵生长需要阳光、空气、水、土壤和肥料;长颈鹿的生活需要食物、水、空气、阳光和温度。 讨论2:向日葵生活在土壤中,土壤中有水分;仙人掌生活在沙漠中,土壤中缺水;牛生活在陆地上,而海豚生活在海洋中。 讨论3:因为植物的生长需要水,没有水,植物就不能正常生长,所以干旱会使粮食减产。	（1）分组讨论,培养学生的探究、合作和学习能力。 （2）充分利用课本提供的信息资料,培养学生独立分析、观察、比较和综合归纳的能力。通过竞争学习,调动学生学习的积极性,并注重学生间的相互评价方式和应用。 （3）通过竞争学习,调动学生学习的积极性,并注重学生间的相互评价方式和应用。

（续上表）

教学内容	教与学的活动过程		预期教学目的和效果
	教师活动	学生活动	
2. 生物圈为生物的生存提供了基本条件	（2）质疑：①地球上其他的生物生存也需要这些条件吗？引导学生举例说明：地球上其他的生物生存也需要这些条件。②如何获得和分析这些资料？	（1）（实物投影）展示学生搜集的多种图文资料。（2）引导学生回忆，并结合课本第12页红框中的内容，掌握有关搜集和分析资料的知识，然后小结：①搜集途径： 图书馆查阅报刊 访问有关人士 上网搜集 ②资料形式：文字、图片、数据、音像资料等。③对资料的处理：整理并分析，从中寻找问题的答案，或发现探索的线索。	给学生自由想象的空间和时间，体现了学生的主体地位，调动了学生的学习热情。
	（3）小结：所有生物生存需要的基本条件都是一样的，这些条件包括营养物质、阳光、空气、水、适宜的温度、一定的生存空间。	知识迁移：任举一种熟悉的生物，说说它的生存是否也必须具备这些条件。	巩固所学知识点。

（续上表）

教学内容	教与学的活动过程		预期教学目的和效果
	教师活动	学生活动	
3. 总结	（1）通过这节课的学习，有关"生物圈"的知识，你知道哪些？	（1）引导学生回忆，总结本节所学的知识点。	改变传统的教学方式，始终以学生为主体，突出学生的主体地位。通过学生小结本节主要知识及学习活动，养成学习—总结—学习的良好学习习惯，发挥自我评价的作用，并培养学生的语言表达能力。
	（2）让学生设计一道题，尽量把这节课的主要内容包括进去（提示：可以用表格的形式）。	（2）有学生设计了类似的题目：下列条件是该生物生存所必需的填"＋"，否则填"－"，请问哪一位学生愿意表现一下？（学生争着回答）	让学生大胆创新，改变以往教师考学生的方式，自己设计题目考自己，在提高创新能力的同时，也使所学知识得到巩固。

生物	阳光	空气	水	营养物质	陆地	海洋	干旱缺水的荒漠	相对湿润的环境
月季花								
牛								
鲨鱼								
仙人掌								

（续上表）

教学内容	教与学的活动过程		预期教学目的和效果
	教师活动	学生活动	
3. 总结	（3）通过本节课的学习，有关"生物圈"的知识你还想知道哪些？	（3）我想知道生物圈为生物的生存提供的这些条件一旦改变或不能满足时，对生物有没有影响，生活在这个生物圈中的生物会不会对生物圈造成影响。	培养学生虚心提问、学无止境的意识，并为以后的学习作铺垫。
4. 巩固练习	（1）你会填吗？ 生物圈的范围： ﹛＿＿＿的底部 　＿＿＿的大部 　＿＿＿的表面 （2）我来试一试：我们在养花的过程中，经常给花松土、施肥、浇水并将其放在阳光下，天气冷了，还要把花搬到屋里，而且一般一个花盆只养一种植物，这体现了生物生存所需的基本条件，与上述顺序相对应，分别是（　）①阳光；②水；③空气；④营养物质；⑤适宜的温度；⑥一定的生存空间。 A. ①④⑥⑤②③　　　B. ③④②①⑤⑥ C. ②①⑤⑥③④　　　D. ⑤②①④⑥③ （3）课后想一想：生物在生物圈内生存需要一定的条件，如果条件改变或不能满足时，生物是否还能很好地生存？如果不能，请搜集资料说明你的观点。		体现"STS"的教学模式，将所学的内容紧密结合生活实际，体会生物学习在生活中的应用。 培养学生的思维能力和想象力。

六、教学评价与反思

本设计中的导入部分收到了意想不到的效果。虽然只是一首简单、普通的歌曲，却一下子把学生的学习热情调动起来了，使他们愉快轻松地进入本节知识的学习。对于知识点的学习，采用角色扮演、分组讨论的学习方式，这也是本设计的较成功之处。

让学生学完知识后，自己编一道题考一考其他的同学，让学生编题互问互检，注重学生间相互评价方式的应用，不仅能更好地激发学生的学习兴趣，还能培养学生的创新意识和创造能力。在实施开放式教学的过程中，注重引导学生在课堂活动过程中感悟知识的生成、发展与变化，培养学生主动探索、善于发现的科学精神以及合作交流的精神和创新意识；将新教材、新教法和新的课堂环境有机地结合起来，将学生自主学习与创新意识培养落到实处。需要反思的是：

（1）对于七年级的学生，生物是一门新学科，所用的教材又是新教材，学生尚未进入学习的正轨，尚未养成良好的学习习惯、讨论风气、合作精神，出现了课堂气氛松散的现象，在以后的教学中，要从这一方面狠抓纪律，分组时采取责任制，责任到人，做到"组内人人有事做，事事有人做"。

（2）在以后的教学过程中，要认真解读、努力钻研新大纲、新课程标准，尽量达到高的要求。

课例 4

"细菌"教学案例

一、教学内容分析

"细菌"是人教版初中生物八年级上册第五单元第四章第二节的内容，是第四章"分布广泛的细菌和真菌"的重点内容，有着举足轻重的作用。它在讲述细菌的主要特征时，改变了以往单纯介绍细菌知识内容的做法，侧重引导学生自己去探究，通过对比来认识细菌的形态结构、归纳细菌的主要特征。

教材通过发现细菌的过程，阐明了科学发展与技术的进步密切相关这一观点；通过介绍巴斯德实验，对学生进行了情感教育。通过这一段科学史引起学生学习的兴趣，并帮助学生体会科学家孜孜不倦的追求和严谨求实的科研作风，是一段绝对不应省略的内容。通过对细菌与动植物细胞的结构进行比较，总结细菌结构的特征及营养方式，通过了解细菌的快速繁殖和形成芽孢等特点，明确细菌的广泛分布。

二、学生学习情况分析

人教版教材中"细菌"一节的教学，是在学生已经了解了细菌和真菌的分布的基础上进行的。而学生对细菌的发现及细菌的形态结构特点、营养方式和生殖等知识较为陌生，所以要求教师从学生的生活实际出发，通过分析学生熟知的典型事例使学生了解细菌。

"细菌"是我们肉眼看不见的，因此对"细菌"结构的认识只能利用图片来完成。所以，如何引导学生读图是关键。本课的教学是在学生学习了细胞的基础上进行的，通过已有知识的回忆，将细菌与动植物细胞进行比较来学习细菌的结构。在教学过程中，充分发挥学生的主动性，争取多用问题来引导学生观察，培养其观察问题、分析问题的能力。另外，课前布置学生查阅资料，进行预习。

三、设计思想

本节知识是从微观的角度来介绍细菌的，知识虽然较抽象，但学生已具备了利用显微镜等手段来认识微观生物世界的基础；本节教材内容的设置也为学生的活动提供了很大空间，如讲述细菌的发现过程，对比细菌与动植物细胞之间的异同等。因此，教师应把课堂的空间尽量让给学生，创设民主、平等、和谐的氛围，倡导学生进行自主、合作学习。以观察、思考、讨论为主，让学生自主地完成本课的学习，这样才能体现学生是课堂学习的主体这一课改理念。而教师则从旁以问题或其他形式进行适度的引导，帮助学生完成学习。

首先从一系列生活实例出发，提出疑问，激发学生的求知欲。通过指导学生阅读教材，了解发现细菌的过程和科学家的故事，让学生的情感受到熏陶。细菌很微小，学生缺少对细菌的形态、结构的感性知识，从网上下载一些图片或利用挂图，可以让学生有直观的感受。通过与动植物细胞的比较，认识细菌的结构，推测细菌的营养方式。通过技能训练，加深对细菌繁殖速度的认识。再借助视频展示芽孢的形成过程，化静为动，这样易于让学生接受，从而突破教学难点。

四、教学目标

1.知识目标

（1）了解发现细菌的过程。

（2）通过观察，描述细菌的基本形态，识记细菌的结构特点。

（3）通过与动植物细胞的比较，掌握细菌的主要结构，推测细菌的营养方式；结合生活实际，推测细菌的生殖方式。

2.能力目标

（1）通过书籍、杂志、网络，搜索有关细菌的各种资料，学会如何利用现有的资源查找自己需要的资料。

（2）通过巴斯德的实验，让学生参与探究细菌发现的过程，培养学生的实验能力和科学思想。

（3）通过观察细菌结构示意图，细菌与动植物细胞的比较，掌握细菌的主要结构，推测细菌的营养方式，培养学生的观察能力和分析问题的能力。

3.情感、态度、价值观目标

（1）通过了解发现细菌的过程和巴斯德的实验，培养学生严谨的科学态度和热爱科学、关心科学发展的情感。

（2）使学生养成良好的卫生习惯。

五、教学重点和难点

1.教学重点

细菌的形态、细菌的结构特征及营养方式、细菌的生殖特点。

2.教学难点

巴斯德实验的理解，细菌的结构及其与动植物细胞的比较，细菌的生殖及分布广的原因。

3.重点、难点的突破

充分利用课本中的素材，由学生讲述发现细菌的过程；引导学生通过对比细菌与动植物细胞，描述出细菌的基本结构特点；利用技能训练，计算细菌的数目，了解细菌的生殖特点；让学生在主动参与教学的过程中获得基础知识，让学生在活动中提高探究能力，学会合作。

六、教学过程设计

教学内容	教师活动	学生活动	设计意图
情境创设导入	从生活实例出发，提问：我们手上有细菌吗？我们时时刻刻与细菌打交道，为什么却不了解细菌呢？	积极思考，尝试回答：手上有细菌；细菌太小，肉眼看不见。	激发学生的探究欲望，主动参与学习。
一、细菌的发现	（1）要求学生阅读课本第58~59页"细菌发现史"。①列文·虎克与细菌的发现；②巴斯德的鹅颈瓶实验；③巴斯德其他的贡献。（2）引导学生讨论与交流，通过以上故事的阅读，你对科学的发现有什么新的认识？（3）启发学生思考，及时进行鼓励性评价。	（1）阅读课本，结合课前搜集的资料，进行交流讨论。派代表介绍虎克和巴斯德在细菌发现史上的贡献。（2）讨论交流从故事中获得的启示。	（1）培养学生的阅读分析能力和语言能力。（2）通过了解细菌发现史，使学生认同科学发现与科学技术的进步密切相关，科学新发现离不开缜密的思维和精细的实验，从而提高学生的科学素养。
二、细菌的形态大小	（1）用比喻的方法介绍细菌的大小，并展示电镜下拍摄到的大头针上的细菌，进一步说明细菌的微小。（2）展示细菌的不同形态图，让学生区别分类。	观察、思考、讨论：（1）明确细菌个体十分微小，只有在高倍镜或电镜下才能看见。（2）了解细菌的三种形态——球形、杆形、螺旋形（确定细菌的命名）。	（1）通过形象的比喻和图片使学生对抽象的、微观的细菌知识有较直观的认识。（2）培养学生观察、分析图形和总结归纳知识的能力。

（续上表）

教学内容	教师活动	学生活动	设计意图
二、细菌的形态大小	（3）总结归纳细菌的三种基本形态。 （4）介绍一些与学生身体健康有关的细菌，如肺炎双球菌、大肠杆菌。		
三、细菌的结构和营养方式	出示细菌细胞结构示意图和动植物细胞结构图，并思考： （1）细菌是否由细胞构成？如果是，它是单细胞还是多细胞生物？ （2）在结构组成上，细菌与动植物细胞相比有什么不同？	观察、思考、讨论： （1）细菌由细胞构成，所有的细菌都是单细胞生物(单细胞的特点要强调)。 （2）分组讨论细菌的结构特点，回忆植物细胞的结构，并完成植物细胞和细菌细胞结构比较表格（对特殊结构荚膜、鞭毛，应说明不是所有细菌都有的）。	（1）通过新旧知识的迁移，突破重点，培养学生的分析、比较、归纳能力。 （2）通过直观演示，让学生自主观察对比，主动获取知识。
	（3）根据细菌的结构，推测细菌的营养方式，引导学生区分自养和异养。指导、创设问题情境，引导学生观察比较，鼓励学生积极参与小组间的讨论。	（3）通过对三者结构的比较，推测细菌的营养方式，并进行交流。	（3）强化学生的图文分析能力，培养学生的逻辑推理能力和语言描述能力。

（续上表）

教学内容	教师活动	学生活动	设计意图
四、细菌的生殖	展示细菌分裂过程的多媒体课件： （1）引导学生总结细菌的生殖方式。 （2）通过"技能训练"中的生活例子，引导学生进行简单运算。 （3）组织学生讨论并进行指导，鼓励学生畅所欲言。	（1）回顾细胞分裂的过程，掌握细菌的分裂生殖。 （2）通过计算和展示的材料，了解细菌繁殖的速度和惊人的数量，并对搞好卫生进行讨论。	（1）提高学生的思辨和分析、归纳能力。 （2）培养学生解决问题的能力。 （3）加强直观教学，理论联系实际，使学生掌握生物学的研究方法。
五、细菌的休眠体——芽孢	（1）引导学生思考：在极度恶劣的环境条件下，细菌会不会死亡？ （2）播放录像：芽孢的形成过程和芽孢的作用。 （3）通过生活中的例子，引导学生了解芽孢的特性。 （4）通过"月球上的细菌"这个小故事，介绍芽孢抵抗恶劣环境的本事。	（1）学生尝试推断结果。 （2）学生观看多媒体课件，判断自己结论的对错。 （3）聆听讲解，深化自己的理解；明确芽孢对恶劣环境有很强的抵抗力，灭菌的关键是杀死芽孢。	（1）引导学生探索，培养学生思维的客观现实性。 （2）通过趣味性、科学性并重的小故事，帮助学生形象地理解教材内容。
练习与反馈	（1）组织学生讨论：细菌的哪些特点和它们的分布广泛有关？ （2）对学生答案做出评价并加以补充。	学生思考并回答（可能答案不全）。	与上节课知识相联系，培养学生解决问题的能力。

（续上表）

教学内容	教师活动	学生活动	设计意图
评价与总结	在学生所谈收获的基础上进行总结。	学生谈收获（教师归纳总结）。	让学生对本节知识有系统的认识，提高学生的知识归纳能力。

七、教学评价与反思

（1）本课能紧紧围绕教学重点组织教学，通过观看录像、分析资料、小组讨论、归纳总结等环节，使难点层层突破；通过师生之间的互动交流，体现了新课程的基本理念，基本上达到了新课程标准的要求。

（2）在本节课的教学活动中，通过视频资料激发了学生学习生物知识的兴趣；让学生主动地参与到课堂教学中，顺利地完成了自学和对问题的分析这个目标任务；指导学生把所学的书本知识跟现实生活有机地联系起来，较好地完成了知识目标和能力目标；增强了对学生情感方面的教育。

（3）在教学中还存在着一些不足，如细菌概念的提出没有突破、芽孢与孢子之间的区别没有较好地阐明等。教学是一个不断完善的过程，作为教师应该树立终身学习的理念，不断地充实、提高自身的综合素质，不断地追求更好。在今后的教学中，要不断总结经验，使自己不断成长。

训练方法

采用指导教师展示和讲解优秀生物教学教案的方法，让学生体会到备课的意义和作用，并从中受到启发。

训练作业

通过学习优秀生物教学教案，说出备课的意义和作用。

思考题

想一想备课在新课程实施中的意义和作用有哪些。

模块3 生物学微格教学专题训练

（1）掌握每一项基本教学技能的原理和方法，包括生物教学的一些特殊要求。

（2）能根据教学任务和中学生的特点把教学技能综合应用于教学实践。

（3）能灵活运用各种教学技能，为以后的教学工作打好基础。

项目1 导入技能训练

掌握导入技能的原理、方法及评价指标，能根据教学任务和中学生的特点把导入技能应用于教学实践。

一、导入的概念与作用

请看下面的实例：

教师：同学们，上一节课我们学习了生命活动的主要承担者——蛋白质，我们知道氨基酸的结构特征主要是一分子的氨基酸至少含有一分子的氨基和一分子的羧基，并且必须有一个氨基和一个羧基连接在同一个碳原子上，同学们都掌握了吗？

学生：掌握了。

教师：很好，那我们今天来学习新一节的内容，在新课开始前，老师想问同学们几个问题，大家喜欢看破案片吗？

学生：喜欢。

教师：那同学们有没有发现刑侦人员会在犯案现场寻找头发、血迹等线索，从而锁定犯罪嫌疑人？这是为什么呢？

学生：提取他们的DNA。

教师：那DNA是什么物质呢？为什么DNA能够提供犯罪嫌疑人信息？

学生：（默不作声）

教师：不知道是吧，没关系，这节课我们一起来学习第三节"遗传信息的携带者——核酸"。请同学们带着这两个问题（PPT演示），仔细阅读课本第26页的内容，待会儿老师请同学们来回答。

板书：

第三节　遗传信息的携带者——核酸

可见，导言（导入）是教师在一项新的教学内容或活动开始前，引导学生进入学习的行为方式。常言道："良好的开端是成功的一半。"精彩的导入无疑能为课堂教学的进行奠定良好的基础。因此，让即将走上工作岗位的教师了解并熟练地掌握导入技能就显得尤为重要。

导入也叫开讲，其作用主要有：

（1）引起学生注意。

（2）激发学习兴趣。

（3）明确教学目的。

（4）联结教学知识。

（5）沟通师生情感。

二、导入的种类

作为课堂教学的重要一环，导入是一堂课的开始，有时也贯穿在课堂教学之中。导入除了在每章、每课开始时设计好导言，还应在一节课中的每段之间有较好的导言过渡，以导言贯穿整节课的始末，渲染和烘托课堂气氛，使学生维持学习的兴奋状态。

三、导入技能的类型

教学有法，但无定法，新课的导入亦是如此。教学内容不同，教师的素质和个性不同，导入的技法也就不同。一般来说，下述几种方法较为常见：

1. 衔接导入法

这是一种最常用的导入方法。它主要是根据知识之间的逻辑联系，找准新旧知识的联结点，以旧引新或温故知新。复习导入、练习导入均可归入此类。运用此法时要注意两点：

（1）找准新旧知识的联结点。而联结点的确定又建立在对教材认真分析和对学生深入了解的基础之上。

（2）搭桥铺路、巧设契机。复习、练习、提问等都只是手段，一方面要通过有针对性的复习为学习新知识做好铺垫；另一方面，在复习的过程中又要通过各种巧妙的方式设置难点和疑问，使学生暂时出现困惑或思维受到阻碍，从而激发学生的思维和学习的积极性，创造传授新知识的契机。

例1　光合作用的原理和应用（复习导入法）

教师：同学们，上节课我们学习了叶绿体的相关知识，大家还记得吗？我们先来回顾一下（在黑板上画叶绿体简图）。叶绿体呈扁平的椭圆形，在电子显微镜下观察，可以看到叶绿体的外表具有多少层膜呢？对了，两层膜，即内膜和外膜。那么叶绿体内部具有哪些结构呢？首先内部有许多基粒，每个基粒由一个个圆饼状的囊状结构堆叠而成。这些囊状结构我们称为什么呢？对了，类囊体。类囊体膜上分布着许多吸收光能的色素，分别是叶绿素a、叶绿素b、胡萝卜素和叶黄素。基粒和基粒之间充满着基质，基质和类囊体薄膜上均含有进行光合作用所需要的酶。那什么是光合作用呢？光合作用指的是绿色植物通过叶绿体，利用光能，把二氧化碳和水转化成储存着能量的有机物，并且释放出氧气的过程。我们知道，叶绿体是进行光合作用的场所，那请同学们想一想，二氧化碳和水究竟在叶绿体中发生了怎样的化学反应呢？好，请同学们带着这个疑问进入我们今天要学习的内容——光合作用的原理和应用。

例2　第二节　DNA 分子的结构特点（温故知新或复习导入法）

教师：（在白板上简单画出人体的轮廓和细胞图，并导入问题）人体细胞核和细胞质中携带遗传信息的物质分别是什么呢？

学生：（思考）

学生 A：DNA。

学生 B：DNA 和 RNA。

教师：（对回答正确的学生 A 做出肯定，对回答错误的学生 B 进行引导）动物正常体细胞中携带遗传信息的物体是 DNA。

教师：那么，DNA 分子的结构是什么样的呢？今天我们一起来认识一下 DNA 分子的结构特点吧。

板书：

第二节　DNA 分子的结构特点

2.悬念导入法

悬念，一般是指对那些悬而未决的问题和现象的关切心情。在教学中，精心构思，巧布悬念，也是有效导入新课的方法。利用悬念引人好奇，催人思索，往往能收到事半功倍的效果。制造悬念的目的主要有两点：一是激发兴趣，二是启动思维。悬念一般是出乎人们预料的，或展示矛盾，或让人迷惑不解，常常能造成学生心理上的焦虑、渴望和兴奋，但须注意，悬念的设置要恰当、适度。不悬，难以引发学生的兴趣；太悬，学生百思不得其解，会降低学习的积极性。

例3　基因指导蛋白质的合成——遗传信息的翻译（悬念导入法）

教师：（通过播放图片设问）这张图片表示了遗传信息的什么过程？你是怎样判断的？

学生：（通过回顾转录过程，加强上节内容与本节内容的联系）

教师：当遗传信息到达细胞质后，细胞是怎样解读的呢？即 mRNA 上的碱基序列如何转变成蛋白质中的氨基酸序列呢？

板书：

第一节　基因指导蛋白质的合成——遗传信息的翻译

3. 情境导入法

情境导入法就是利用语言、设备、环境、活动、音乐、绘画等各种手段，创设一种符合教学需要的情境，以激发学生的兴趣和思维，使学生处于积极学习状态的方法。情境导入法如运用得当，会使学生如身临其境，意识不到是在上课，从而在潜移默化中受到教育，获得知识。运用此法时应注意两点：

（1）善于创设情境。教师虽然可以利用现有的环境、条件，通过引喻、阐释导入新课，但是现成的情境毕竟很少，因此，教师必须从教学内容出发，精心组织，巧妙构思，创设良好的符合教学需要的情境。

（2）加强诱导，激发思维。教师创设情境应有明确的目的或意识，或以此激发学生的情感，或以此激发学生的思维，或借此陶冶学生的性情等。创设情境不能单纯为激发兴趣，一般来说，应以激发思维为主。但是，情境本身有时并不能启人深思或内涵比较隐蔽，这时就需要教师的启发和诱导。

例4　第二节　DNA分子的结构——DNA结构模型的构建（情境导入法）

教师：（播放视频，展示雅典奥运会开幕式会场上激光打造DNA分子结构图的过程）

学生：（认真观看视频，从视频解说中选择两个形容词形容所展示的图片）

教师：（视频播放结束时，提问学生）使用哪两个形容词来形容所展示的图片最为合适？DNA分子究竟具有怎样的结构？

教师：（用视频短片吸引学生的注意力，激发学生的学习兴趣，并引出DNA结构知识，从而进入新课学习）

板书：

第二节　DNA分子的结构特点

一、DNA结构模型的构建

例5　第二节　细胞的能量"通货"——ATP（情境导入法或悬念导入法）

教师：（通过展示"农村夜景"的图片和播放大自然的虫鸣音乐，让学生静心倾听大自然的旋律并引出萤火虫这一生物，根据同学们对萤火虫的认识提出萤火虫为什么会发光这一生物学问题）

学生：（通过倾听音乐，勾起儿时回忆并对教师提出的问题充满好奇，激发了学习兴趣）

教师：（通过解说萤火虫发光的生物学原理来引出ATP这一种新物质，从而自然而然地进入新课学习）

板书：

第二节　细胞的能量"通货"——ATP

例6　第四节　体液免疫（情境导入法）

教师：（借助图片演示引导学生回忆打预防针的经历，激发学生学习新课的兴趣）同学们小时候为什么要打预防针？

学生：（思考）

教师：（由打预防针这一生活现象联系到本节课的体液免疫知识，从而进入新课学习）

板书：

第四节　体液免疫

例7　第三节　伴性遗传（情境导入法）

教师：同学们，现在正值春暖花开之际，你感受到外界与冬天相比发生什么变化了吗？对，小草绿了，树木发芽了，花儿也红的、白的、黄的、紫的、蓝的竞相开放了，大自然让我们感受到五彩缤纷和生机盎然。现在给同学们看看小画家眼里的春天。

教师：（把准备好的三幅图展示给同学们看）同学们有什么感想？

学生：（议论）

教师：这是一次郊游，学生写生时画的图片。同样的景色，在某些人的眼中，小草是棕色的，太阳是绿色的；有的人甚至一辈子生活在只有黑白两种颜色的世界里，任何东西不是黑的就是白的；而有些人有时候可以很清楚地分辨出颜色，有时候又辨别不出，是什么原因呢？通过本节课的学习，同学们将会得到满意的答案。下面我们就一起来学习新的内容——伴性遗传。

板书：

> 第三节 伴性遗传

4.激疑导入法

古人云："学起于思，思源于疑。"疑是学习的起点，有疑才有问、有思、有究，才有所得。利用问题、产生疑惑、激发思维也是教师常用的导入方法。运用此法时必须做到：

（1）巧妙设疑。要针对教材的关键、重点和难点，从新的角度巧妙设问。此外，所设的疑点要有一定的难度，要能使学生暂时处于困惑状态，出现一种"心求通而未得，口欲言而不能"的情境。

（2）以疑激思，善问善导。设疑质疑只是激疑导入法的第一步，更重要的是要以此激发学生的思维，使学生的思维尽快启动并活跃起来。因此，教师必须掌握一些提问的技巧，并善于引导，使学生学会思考和解决问题。

例8 第二节 血糖的平衡调节（激疑导入法）

教师：（展示材料：1889年，冯梅林和闵科夫斯基两位教授在研究胰腺在消化过程中的功能时，用手术切除了一条狗的胰腺。过后，他们发现这条狗的尿招来了成群的苍蝇，对尿进行分析和检测后发现其中有糖的成分）

教师：（引导提问：引导学生阅读材料讨论）在当时，教授会想到什么呢？如果是你们，又会想到什么呢？

学生：（思考讨论：胰腺是不是和尿糖有关呢？）

教师：（引导学生思考：胰腺有什么作用呢？进入片段的学习）

板书：

> 第二节 血糖的平衡调节

5. 演示导入法

演示导入法，是指教师通过实物、模型、图表、幻灯片、投影、电视等教具的演示，引导学生观察，提出新问题，从解决问题入手，自然地过渡到新课学习的方法。此法有利于学生形成生动的表象，由形象思维过渡到抽象思维。运用此法时应注意：

（1）直观演示的内容必须与新教材有密切的联系并能为讲授新教材服务。

（2）让学生明确观察的目的，掌握观察的方法。

（3）善于抓住时机提出问题并引导学生积极思考。

6. 实验导入法

上课伊始，教师巧设实验，使学生通过对实验的观察去发现规律，进行归纳总结，推导出结论，从而导入新课。如细胞的分裂和新陈代谢以及神经的传导等，不通过形象的实验和演示，一般很难理解。而运用实验导入新课，不仅能帮助学生掌握抽象的知识，而且能激发学生的思维，使他们自觉地去分析问题、探索规律。运用此法时要注意两点：

（1）实验的设计要巧妙、新颖、有针对性。

（2）善于根据实验中出现的现象和结果来提问和启发，促使学生去思考和探究。

7. 实例导入法

学生的学习以书本知识为主，而书本知识对学生来说一般比较抽象和概括，因此，从生产、生活中选取一些生动形象的实例进行引入和佐证，使抽象的知识具体化，让深奥的道理通俗化，不仅能激发学生的兴趣，而且有助于学生具体生动地理解知识。运用这种方法时要注意：选材要典型、生动、浅近、具体，并且紧扣教材、引证准确。

例9　第四节　细胞的癌变（实例导入法）

教师：同学们知道我国著名的新闻联播播音员罗京吗？

学生：知道。

教师：这两天有没有通过新闻了解到他因病治疗无效去世了？

学生：有。

教师：他去世时才48岁，那他是因为什么原因离开人世的呢？

学生：淋巴癌。

教师：罗京是因为得了淋巴癌而去世的，同学们觉不觉得这很可怕呢？除了淋巴癌，同学们在日常生活中还听说过哪些癌症呢？

学生：皮肤癌、肝癌、食道癌、乳腺癌……

教师：据统计，目前癌症已成为疾病死亡率第二高的一类疾病，已经引起人们的高度关注。那么，癌症到底是怎么一回事呢？这就是这节课要学习的重点——细胞的癌变。同学们想一想，癌细胞一旦扩散，会给我们造成哪些危害呢？

学生：（回答）

教师：由此可见，癌症的危害的确很大。请同学们思考两个问题：有哪些因素可以诱发细胞癌变成癌细胞呢？这些因素是怎样导致细胞癌变的呢？请同学们认真阅读课本第126页的相关内容，然后一起讨论，找到答案。

例10　第二节　细胞的能量"通货"——ATP（生活经验导入法）

教师：（运用比喻引出ATP与ADP可以相互转化）ATP就像我们日常生活中的零用钱，它会随着每天的花销而减少，因此要维持正常的生活，就必须不断破开大面值钞票给予补充。细胞中的"大面值钞票"主要是糖类等有机物，这个补充过程是通过ATP与ADP的相互转化来实现的。

学生：（思考ATP与ADP是怎样相互转化的）

教师：（引导学生思考ATP与ADP是怎样相互转化的，并进入片段的学习）

板书：

ATP和ADP可以相互转化

例11　第一节　降低化学反应的活化能——酶（生活实例导入法）

教师：同学们平时在家里有没有用过加酶洗衣粉？加酶洗衣粉与普通的洗衣粉比起来有什么好处？

学生：（讨论）

教师：（针对学生讨论的结果进行讲解）加酶洗衣粉比普通的洗衣粉有更强的去污能力，能够把衣服洗得更干净。

教师：加了酶的洗衣粉的作用为什么会这么大呢？而酶又是一种什么物质呢？（让学生带着问题进入本课的学习）

8. 典故导入法

典故导入法，即通过寓言、故事或典故、传说等激发学生兴趣，启发学生思维，创造一种情境，从而引入新课的内容。学生一般都喜欢听故事，特别是一些科学性、哲理性很强的故事更受中学生的欢迎，如科学家的趣闻逸事、某些原理的发明过程和一些发明创造的诞生等，从中选取一些适当的片段，不仅有助于学生思维能力的培养，还可以激发学生学习本学科的兴趣，但要注意典故的选用须有趣味性、启发性和教育性。

9. 直接导入法

直接导入法，指上课伊始，教师开宗明义，直接点题，讲明这节课需要学习的内容和要求，从而引起学生的注意。这种导入新课的方法是一种最简单的导入方法，一般在高年级采用。

四、导入的应用原则

导入的应用原则主要有：

（1）根据教材内容、教学目标和教学重点等设计多种形式的导言。

（2）导言必须生动有趣、丰富幽默。因此，作为一个教师，应不断地扩大知识面，增加文学修养。

（3）导言必须能吸引学生的注意力，启发学生的思维，制造悬念，创造讲述的良好开端。

五、导入技能训练测评表

导入技能训练测评表

评价指标	差	一般	较好	好	权重
1. 能面向全体学生					0.1
2. 能激发学生学习的兴趣和积极性					0.2
3. 与新旧知识联系紧密，承上启下，目的明确					0.15
4. 导入自然，衔接得当					0.15
5. 语言表达清晰、生动，情感充沛					0.1
6. 导入时间掌握得当、紧凑					0.1
7. 确实能将学生引入学习的情境中					0.2

训练作业

（1）结合初中或高中新课程内容设计一节课的导言。

（2）在微格实验室分组进行导入技能的训练。

思考题

想一想你设计的一节课的导言是属于哪种类型的导入，你的导入技能有哪些方面需要提高。

项目 2　教学语言技能训练

训练目的

掌握教学语言技能的原理和方法及评价指标，能根据教学任务和中学生的特点把教学语言技能应用于教学实践。

训练内容

一、教学语言的概念和作用

教学语言是指教师在把知识、技能传授给学生的过程中使用的语言，它是教师传递教学信息的载体，是一种专门行业的工作用语。教学语言还是教师在教学过程中充分发挥个人的创造性，正确有效地把知识（信息）传递给学生，最大限度地调动学生学习的主动性并在一定程度上具有审美体验的语言技能活动。教学语言是教师使用正确的语音、语义，合乎语法逻辑结构的口头语言，对教材内容、问题等进行叙述、说明的行为方式。

在教书育人的过程中，教学语言具有极其重要和难以估量的作用。有人曾这样说："没有教学语言的新艺术，就没有新人。"因为教学语言是教学的最主要手段。不管现代化教学手段如何先进，都离不开教学语言。提高教师的语言艺术水平是取得教育成功的先决条件，优秀的教学语言会给人莫大的愉悦感和美的享受。

二、教学语言的类型

教师的语言表达形式是多种多样的，主要有：课堂口语，即口头表达；书面语言，即书面文字表达，如板书、作业的批语等；身态语言，即用示范性或示意性动作来表达思想。在这三者之中，课堂口语是课堂教学中语言表达的主要形式。教师的教学语言技能水平是影响学生学习的重要因素，在引导学生学习、开展探究活动、实现教学目标等方面具有重要的作用。

三、教学语言的构成要素

1. 语音

语音是语言的基本结构单位，是语言信息的载体和符号。在教学中，对语音的基本要求是发音准确、规范，即吐字清晰、使用普通话。要想使自己吐字清晰、圆润、流畅，就必须努力锻炼发音器官（唇、齿、舌），使其发音到位。

2. 语调

语调是指讲话时声音的高低、声调的升降及抑扬顿挫的变化等，是增强语言生动性、体现语言情感的主要因素。但语调的运用一定要从所表达的内容出发，自然适度，才能起到应有的作用。语调的抑扬顿挫和声音的高低在教学中具有重要的作用。平淡而低沉的语调易使教学沉闷，不能集中学生的听课注意力；声音过大，又易使学生听课紧张。正确的方法是，在讲解概念、重点、难点时，说话要慢些，语调要高些，以引起学生的注意并有思考、做笔记的时间。

3. 节奏

节奏是教学成功的要素。语言节奏是指语调高低、语速快慢的变化。例如，讲到重点、难点时，要提高声调，放慢语速。语调高低、语速快慢伴随着情绪的起伏，从而形成了一种节奏，直接影响着学生的学习效率。

在日常生活中，每个人的语速是各不相同的。教师不应该用日常习惯的语速去讲课，课堂教学的语速以每分钟 200 至 250 字为宜。

4. 响度

响度是指声音的高低，实际上是强度、长度、高度的总和。在课堂上，教师声音的高、低、强、弱，不仅对教学效果有影响，而且影响教师在学生心目中的形象。响度合理是理想教学语言的重要条件之一。为了提高教学效果，教学语言的响度应合理，也就是使教师语言的音高、音强、音长达到和控制在最适当的程度。具体的标准是使坐在每个位置的学生都能毫不吃力地听清楚教师讲的每句话、发出的每个音节，并且耳感舒适。

5. 词汇

语言是语音、语义结合的符号系统，词是这一系统中最基本的构成单位，没有词就没有语言。因此，修辞在教学语言中就显得非常重要了。修辞是使语言表达准确、鲜明、生动、得体的手段，在课堂教学语言中，对词的要求是规范、准确、生动。因此，教师要规范使用普通话词汇。如果做不到这一点，语病百出，就会影响教学效果。能正确地使用专业词汇是用词规范的一个重要方面，准确用词是对教学语言的基本要求。生动选词和用词要做到精选妙用，注意用词的形象性、启发性、感染力和感情色彩。语言的生动与教师的科学知识有关，也与教师的语文水平、讲话的技能技巧有关。

6. 语法

语法是遣词造句的规则。按照这一规则进行语言表达，就能使自己的语言被人理解；违反这些规则，就无法进行交流。课堂教学与一般讲演不同，它除了必须让学生听明白外，还要使学生理解、掌握，即不仅要知其然，还要知其所以然。因此，在教学中，教师不仅要注意教材的内在规律，运用逻辑推理的方式进行教学，还要注意语言的逻辑性。

四、教学口语的特点和技巧

教学口语是教师教书育人的重要工具。教学口语是教师职业口语中的重要组成部分。教学口语与一般的口语有着以下不同的明显的特点：

1. 准确而精练

授课时所说的语言必须准确而精练，用语合乎规范。所谓准确，不仅指语音、语法合乎规范，更重要的是指用丰富多彩的语汇，表达出千差万别的意思。所谓精练，是指用简洁的语句传达出丰富的内涵，句句说在点子上，不说废话。言简意赅的教学口语，有引发思维、拓展思路、开发智力的作用。

2. 鲜明而生动

教学口语只有做到鲜明、生动，才有吸引力、感染力，给人深刻的印象。要做到鲜明而生动，应该注意以下几点：

（1）通俗。通俗就是根据学生已有的知识水平和现有的接受能力，选择通俗易懂的词、句，调动合适的说话艺术方式传授知识。

（2）形象。形象就是运用直观形象的口语说话，运用意象，诱发学生产生联想，刺激其"内视觉"，调动其生活体验，使他们如闻其声、如临其境。

（3）有感情。教学不仅是传授知识，也是与学生交流感情并引起共鸣的过程，有情才能动人。教学口语要尽量做到声发于情、意寓于情、理融于情。

3. 制约与调控性强

教学口语受到诸多因素的制约，如教材内容，学生的认知心理，教学环境即教室大小、人数多少等，这些因素使得教学口语具有特殊性。教学口语虽受诸多因素制约，但教师还是应积极主动地运用教学口语进行教学调控。教师不是"留声机"，不能照本宣科，而是要"一心多用"，根据当前课堂的实际情况，运用教学口语，创造出有张有弛、意趣盎然的生动局面。

4. 综合性强

教学口语是叙述、说明、描述、议论、抒情等多种表达方式的综合运用，这是由教学内容和教学方法的多样性决定的，也是由教育对象的认知心理特点决定的。过多的议论，学生感到乏味；过多的说明，显得枯燥；单一的叙述，流于平淡；一味的描述，不利于抽象思维。只有将它们综合在一起，才能取得良好的教学效果。

掌握教学口语技巧可从两个方面入手：一是语音技巧，要求讲述清晰、流畅，响度适中并富有变化，能灵活运用语气、语调、重音、停顿、节奏等表情达意；二是语辞技巧，要求能在口语里运用比喻、对比等修辞手段表述教学内容。

例1 第二节 细胞的能量"通货"——ATP 的导入教学语言

教师：同学们，今天我们要学习一节新的内容。在上课之前，请同学们闭上眼睛，来倾听老师放出的一段音乐（播放音乐）。大家想象一下，这是一个夏天，虫鸣，蛙叫，还有草丛中发出的点点闪光。（等待2秒）好的，现在请同学们张开眼睛，来看一下大屏幕（播放图片）。同学们想到了一种什么样的昆虫呢？萤火虫对吧！萤火虫也许是许多同学童年的美好回忆，那么有没有同学知道萤火虫为什么会发光呢？（等待2秒）很多同学说不知道，那就由老师来告诉大家：萤火虫体内含有两种物质，一种是荧光素，还有一种是荧光素酶。当荧光素在体内遇到一种能量时，就会在荧光素酶的催化作用下与氧发生化合反应，从而生成会发光的氧化荧光素。因此，我们可以看见萤火虫发出美丽的亮光。

那么，是什么能量激活了荧光素呢？是不是我们所学过的糖类、脂肪和蛋白质这三种能量呢？（等待2秒）答案是否定的！那到底是什么能量激活了荧光素？好，带着这样一个问题，我们进入今天的学习。请同学们翻开课本第88页，第二节"细胞的能量'通货'——ATP"，同学们先仔细阅读一下课本正文的第一段，然后告诉老师你从第一段了解到了ATP是一种什么样的物质。

板书：

第二节　细胞的能量"通货"——ATP

例2　讲解"两对相对性状的杂交实验"的教学语言

教师：同学们，现在就来看看两对相对性状杂交实验的过程以及结果。首先用纯种的黄色圆粒和纯种的绿色皱粒进行杂交，那会得到什么性状的子一代呢？没错！得到的子一代都是黄色圆粒的。讲到这里，老师就有个疑问了，为什么F_1全是黄色圆粒的呢？结合我们刚才复习到的知识想一想。××同学，请你起来回答一下这是为什么。

学生：（回答）

教师：（如果该同学回答正确）很好！请坐下！原来啊，黄色和圆粒都是显性性状，那绿色和皱粒就都是隐性性状了！

教师：（如果该同学回答不出来）没关系，请坐下！其实啊，这里跟我们前面学的豌豆高茎与矮茎杂交实验一样，高茎是显性性状。也就是说，在这个实验中，黄色和圆粒都是显性性状。

教师：实验还在进行中，孟德尔又让子一代进行自交，那同学们你们觉得子二代会出现什么样的性状组合呢？是的，黄色圆粒和绿色皱粒的出现是意料之中的。那除了这两种性状组合呢？会不会有意料之外的组合让孟德尔惊喜呢？咦，我们可以看到，在子二代中竟然真的出现了新的性状组合！

分别是黄色皱粒和绿色圆粒，很容易就可以发现，它们跟亲本的黄色圆粒和绿色皱粒长得一点儿都不像！这是怎么回事呢？想不通对吧？孟德尔也想不通，于是他对子二代的这四种性状类型进行了数量统计，并且发现其中的比值接近 9∶3∶3∶1。

好的，回到我们刚才的问题。第一个问题，黄色豌豆一定是饱满的，绿色豌豆一定是皱缩的吗？

学生：不一定。

教师：不一定对吧？因为在子二代中出现了黄色皱粒和绿色圆粒。第一个问题很轻松就解决了，可是第二个问题好像暂时还解决不了呢！接下来我们就针对这个问题进行分析。

我们现在要做的就是对每一对相对性状单独进行分析，首先我们来分析豌豆的粒形。分别把圆粒和皱粒的种子数量加起来，发现它们的比值接近 3∶1。（这里要求语调加重、放慢和停顿）好，那现在请同学们拿出纸和笔，根据这种方法对豌豆的粒色进行分析。（学生在下面统计，教师走下讲台适当对学生进行指导）

教师：同学们都算出来没有？

学生：算好了！

教师：很好！同样，我们可以发现，黄色和绿色的性状分离比也是 3∶1。（这里要求语调加重、放慢和停顿）

那同学们，我们现在可以解决这个问题了吧？××同学，刚才老师看你算得特别认真，请你起来回答一下这个问题。（学生回答完就公布答案）好的，谢谢你，请坐下！（这里要求语言有感情）

五、生物教学语言的科学性要求

生物教学语言的科学性要求我们应该注意以下几个方面：

1. 正确地使用生物学的名词术语

每一个学科都有自己的一套名词术语，它们主要是给概念所下的定义，都有它确定的内涵和外延。因此，如果名词术语运用不当，就容易出现科学性错误。例如对于动脉、静脉、动脉血、静脉血等概念，如果不注意教材的叙述，或是没有认真地对待，就容易因脱口而出而出现错误。教材中指出："动脉是把血液从心脏送到身体各部分去的血管"、"静脉是把血液从身体各部分送回心脏的血管"、"动脉血是血红蛋白与氧结合后形成的富含氧气、颜色鲜红的血"、"静脉血是血红蛋白与氧分离后形成的缺少氧气、颜色暗红的血"。因此我们不能不假思索地讲"在动脉里流动的是动脉血"、"静脉里流动的是静脉血",或者讲成"静脉血是脏血"、"动脉血是新鲜血"等。如果这些概念表述错了,就会进一步影响学生对肺循环、体循环意义的正确理解。

2. 正确处理通俗生动与科学性的关系

科学性错误还容易发生在试图作通俗生动讲解的时候。例如,在"果实和种子的形成"这一课题的引言中,为了激发学生的兴趣,教师作了这样的引言:"同学们都喜欢吃水果,特别是喜欢吃桃,桃又好吃又好玩,但是你们知道桃子好吃的是哪部分,好玩的又是哪部分吗?(学生答不出)好!现在我来告诉你们,桃好吃的部分是果实,好玩的部分是种子。"请思考:在这个简短的引言中,有无错误?请指出。

在这个简短的引言中,至少出现了两个严重的概念错误:一个是"果实",果实是由果皮和种子构成的,而桃子好吃的部分主要是中果皮;另一个是"种子",孩子们通常喜欢玩的是由坚硬的内果皮和种子构成的"桃核",而桃核并不是种子。

又如,为了通俗而把"须根"说成"毛毛根",把"头状花序"说成"一朵花","杨"和"柳"不分,"呼"和"吸"不分等。当然,由于我国地域辽阔,方言很多,在讲到某些动植物时,教师有必要介绍当地的俗称,以加强和实际的联系。但是我们首先还是应该使用生物科学的名词术语来进行讲授。

总之,讲授绝不能片面地追求趣味性而出现科学性错误。教师应该认识到,在讲授内容不正确的情况下,越是生动就越有害。

3. 实事求是,切忌夸张,更不能伴不知以为知

讲授的内容应符合科学原理,做到实事求是,切忌夸张,这是保证生物教学语言具有科学性的基本要求。比如说"某湖中的鱼非常之多,把棍子插在鱼群中时棍子都不倒",这样的密度,鱼群能够长时期地正常生活吗?

4. 正确处理深入浅出、化繁为简与科学性的关系

考虑到中学生的年龄和知识的基础性,生物教学的科学性不能要求十分严格,但也不能有错误。也就是说,内容可以简化、浅出,但是不允许有错误。例如,关于植物界、动物界各类群间的演化关系,内容很复杂,学说也很多,不必要求中学生详细地了解。但是又需要他们对此有大概的、一般的了解,从而建立初步的进化观点,了解生物进化的大概趋势。教科书谨慎地采用了两个简化的系统树,强调指出苔藓植物是演化路线上的旁支,古代蕨类植物

的一部分演化成为裸子植物，一部分裸子植物又进一步演化成为被子植物。这大大地简化了演化系统树，虽然不够详细和准确，但是在大的方面并没有错误。

但是有的教师在教学中却轻率地作了这样的讲授："我们已经学过了有关植物的知识，植物在从藻类→菌类→苔藓→蕨类→裸子植物→被子植物的进化过程中……"箭头的这种用法就在大的方面造成了严重的错误，是不允许的。在动物学的教学中也常有类似的情况发生。例如有的教师作了这样的导言："我们在前面学过了有关原生动物的知识……在从原生动物的草履虫进化到哺乳动物家兔的过程中……"难道草履虫和家兔有这样直接的演化关系吗？这显然太轻率了。

5. 用语要辩证，防止绝对化

这一点在生物教学中显得特别重要。因为生物的种类繁多，千变万化，虽有共性，但又有许多特殊和例外，不能一概而论。例如，如果说"细菌以一种方式吸收营养"，就会把光合细菌和化能合成细菌排斥在细菌之外；不能说"生长素促进细胞生长"，而要说"生长素在低浓度下促进细胞生长，而在高浓度下则往往抑制细胞生长"；在讲到"细胞是生物体的基本结构单位和生命活动单位"时，如果加上"除病毒等生物外"，就更加全面和确切了。

6. 防止因观点错误而导致科学性错误

生物教学与科普通俗讲座应有所区别。科普读物常使动植物人格化，这是为了使一般人容易理解。但是在生物学教学中，教师要教给学生科学的基础知识，对于比喻的使用必须恰当。教师不应有拟人观、目的论等错误观点，而应该对生物界或生物体的某些看起来似乎神秘的现象作科学的解释。目的论是指对某些动植物的行为作唯心的解释，如"家兔是为了能够消化草食性食物而具有很长的盲肠"、"植物为了获得阳光，所以它向光生长"。拟人观则是指把细胞、器官等的活动人格化，例如讲到血液中的白细胞的功能时，把白细胞比作保卫祖国的战士："当'敌人'入侵时，白细胞纷纷渗过毛细血管壁，进入组织血液中去消灭入侵的细菌，就好比当年父送子、妻送郎，人人参军上战场……"这些例子虽然很生动，却是不科学的。

六、生物教学语言应生动形象、丰富而机动

要使生物教学语言生动形象、丰富而机动，就必须注意以下几个方面：

（1）用普通话教学。

（2）吐字清晰，速度适中。

（3）音调适中，有节奏。

（4）把生物作为一个活生生的个体来讲述，是保证生物教学中教师语言丰富性的重要途径。

（5）教师的语言表达要根据学生的接受水平而变化。

七、教学语言技能训练测评表

教学语言技能训练测评表

评价指标	差	一般	较好	好	权重
1.普通话的标准程度					0.1
2.吐字清楚，音量、语速和节奏恰当					0.1
3.语言通顺、连贯，语调有起有伏					0.1
4.语言所表达的教学内容准确、规范，条理性好，并能促进学生理解					0.2
5.语言富含感情，有激励作用					0.1
6.语言简明，主次分明，但该重复的有恰当的重复					0.1
7.语言有启发性、应变性					0.1
8.使用神态语言，目光、表情、动作姿势恰当并能起强化作用					0.1
9.运用语言与学生互动，学生学习积极性高					0.1

训练作业

（1）每人进行课前三分钟演讲训练。

（2）在微格实验室分组进行教学语言技能的训练。

思考题

对照教学语言技能训练测评表，想一想你的教学语言技能有哪些方面需要提高。

项目3　讲解技能训练

训练目的

掌握讲解技能的原理和方法及评价指标，能根据教学任务和中学生的特点把讲解技能应用于教学实践。

训练内容

一、讲解的概念和优缺点

讲解又称讲授，讲授法是指教师运用口头语言向学生传授知识、交流思想的一种方法。

讲解的优点：①系统连贯地传授知识；②在较短时间内传授较多知识；③充分发挥教师的主导作用。

讲解的缺点：易"满堂灌"，不能体现学生的主体地位，不利于因材施教。

二、讲解的类型

1. 讲述法

讲述法是对某个事物或现象作系统的叙述或描绘。讲述，是生物教师用语言对生物的形态结构、生长发育过程和行为、试验的方法和步骤进行描述的一种讲授方法。生物学的许多内容都可以侧重采用讲述法，一般来讲，讲述法着重于培养学生的形象思维。

2. 讲解法

讲解法是对某个概念或原理进行解释、分析、论证。讲解，是一种对生物学的概念、规律进行科学论证的讲述方法。其特点是要进行科学的、有论据的逻辑推理，比较适用于高中生物学的大部分教材内容及初中类似植物界的进化和发展这类理论性比较强的教材内容，如"基因指导蛋白质的合成"、"光合作用和呼吸作用的关系"、"DNA 分子的结构特点"、"孟德尔的豌豆杂交实验"、"开花结果与根、茎、叶生长的关系"、"血糖的平衡调节"等。讲解法比较着重于培养学生的抽象思维。

三、运用讲授法的基本要求

讲述法和讲解法虽然各有特点，但是在实际教学活动中，往往是结合使用的。不论采用哪种讲授方法，都应该符合下面的基本要求：

（一）讲授要符合科学性的要求

科学性是保证讲授质量的首要条件。而要使讲授符合科学性的要求，就必须注意以下几个方面：

1. 正确地引导学生形成生物学的基本概念和规律

知识的表现形式是概念、概念系列、原理和规律。而概念是通过对感性认识进行思维加工而形成的。什么是概念？概念是反映客观事物本质属性的一种抽象，是在大量观察的基础上，运用逻辑思维的方法，把一些事物本质的、共性的特征集中起来加以概括而形成的。任何一门科学，如果没有一系列基本概念作为分析、综合、判断、推理等逻辑思维的依据，就不可能揭示这门科学的客观规律。因此使学生形成正确的概念是十分重要的。

例如，基因分离规律是基因自由组合规律和记忆连锁互换规律的基础，而要弄清楚分离规律，就必须事先弄清楚一系列概念的含义。例如，性状、相对性状、相同基因、等位基因、基因型、表现型、纯合体、杂和体等。如果这些概念不清楚或出现错误，就会导致对分离规律的不理解或错误理解。所以讲清楚概念至关重要。但是怎样才算是讲清了概念呢？一般地说，学生能够背出概念的定义绝不等于掌握了概念。概念是在学生感知和思维的过程中形成的，是否讲清楚了概念是有客观标准的。

（1）讲清概念的标准。最重要的是讲清概念的来龙去脉，也就是要使学生明确：

①问题是怎样提出来的？为什么要掌握这一概念？这一概念是怎样分析、比较、抽象概括而形成的？

②这一概念是怎样定义的？这个定义反映了事实的哪些本质属性？也就是说这个概念的内涵是什么？这一概念的外延如何？也就是这一概念的适用条件和适用范围如何？

③这一概念与其他有关概念有什么样的联系？在形成某一规律的过程中，这一概念起什么作用？

在教学中应该怎样讲清楚概念呢？首先要使学生了解概念是怎样形成的。

（2）概念的形成。一般地讲，一个概念的形成要经过如下步骤：

①通过观察实验及各种直观材料获得一定的感性认识或唤起学生对旧知识和表象的回忆，使学生对有待研究的事物有一个明晰的认识；

②在学生观察、回忆的过程中，启发他们发现问题和提出问题，引导他们对事物进行分析、比较，排除次要因素，抓住主要因素，对一系列具体有共性的因素进行综合、概括，找出它们的本质属性，进而抽象成为概念；

③用简练准确的语言对概念给出确切的定义，接受概念的内涵，指出概念所适用的条件和范围；

④通过和其他有关概念的对比，或是通过有关的作业或练习，使学生在运用概念的过程中巩固概念、活化概念，检验对概念的理解是否正确。

因此，一个生物学概念，归根结底就是在感知的基础上，通过分析、综合等抽象思维过程，把事物最一般的、本质的属性抽象出来，给出确切的定义，然后再推广到同一类事物上的过程。

例如，"ATP 是高能磷酸化合物"，这个概念是怎样形成的呢？

首先，通过观察 ATP 分子的结构式来了解它的组成。ATP 分子虽然看起来有点复杂，但其实它是由一分子的核糖、一分子的腺嘌呤、三分子的磷酸基团构成的。课本第 88 页左下角的"相关信息"里说到，核糖与腺嘌呤结合而成的部分称为腺苷，那么 ATP 就是由一分子的腺苷和三分子的磷酸基团构成的。这样，学生就能形成"ATP 分子的中文全称就叫作三磷酸腺苷"的概念，明确其中 A 代表的是腺苷，P 代表的是磷酸基团，T 就是"三"的意思，最终形成"ATP 就是三磷酸腺苷"的概念。

其次，教师引导学生观察一个自制的 ATP 分子结构式模型，请学生仔细地观察这个分子内化学键的连接，看看有没有哪些特殊之处（教师拿着教具走下去）。这时，教师可以这样说："大家有没有看到在 ATP 分子后面的磷酸基团之间是通过波浪形的化学键连接的？很好，有的同学看到了。对，这些不同的颜色是老师为了让大家看清楚而涂上去的。但是，波浪形的化学键却是 ATP 分子所特有的结构！那请同学们想一想，这种化学键有什么特性呢？由于这种化学键是呈波浪形的，所以它们很活跃，容易断裂并释放出大量的能量。因为 ATP 具有了这种特殊的化学键，所以决定了它是一种极不稳定的化合物，它很容易水解断裂并释放出能量。那么这里有两个波浪形的化学键，ATP 分子水解时只有一个会断裂，同学们想一想是哪一个断裂而释放出能量呢？请看模型，这一部分就是 ATP 分子的核心基团，也就是腺苷，由于最后这个波浪形的化学键离核心基团较远，因此 ATP 水解的时候就是这一个化学键水解断裂并释放出能量（教师拆开最后这个波浪形化学键，同时用一只手做出'释放出能量'的动作）。我们将这种波浪形的化学键称为'高能磷酸键'。这就是 ATP 分子最重要的一个特征，即'ATP 具有两个高能磷酸键'。1 mol 的高能磷酸键水解断裂会释放出 30.54 kJ 的能量，这 30.54 kJ 的能量就相当于 1 mol 普通化学键水解断裂所释放出来的能量的两倍以上，因此这种波浪形的化学键才被称为高能磷酸键，ATP 也就被称为高能磷酸化合物。"由此，学生可形成"ATP 是高能磷酸化合物"的概念。

最后，通过一个练习题让学生写出 ATP 分子的结构简式：A—P~P~P，来巩固概念和检验对概念的理解是否正确。

在教学中，概念性错误是很容易发生的。比如把菜豆种子的结构看成所有双子叶植物种子的结构，而实际上它们只能代表双子叶无胚乳种子的结构；再如把小麦花的结构看成所有单子叶植物花的结构……这些都是由任意增减概念的内涵，从而任意地扩大或缩小了概念的外延造成的。

2. 注重概念的情境教学

（1）概念教学时的情境引入。通过创设情境，简捷明快地导入教学内容，使生物概念、原理的学习水到渠成。

①实验情境。例如"光合作用"这一概念，实际上包含了光合作用的条件、原料和产物，对初中学生来说，能将这三个方面有机地联系起来，归纳出光合作用的基本过程即基本上掌握了光合作用的概念。而光合作用的条件、原料和产物是通过探究性实验"绿叶在光下制造淀粉"和三个演示实验得出的，学生在实验及观察过程中已对有关的产物和原料等有较深的印象和理解，再引导学生将这些实验结论归纳在一起，找出内在联系，这样对光合作用概念的理解便可水到渠成。

②实践情境。学生通过观察获得对生物的形态、结构、生理、生态、遗传和进化等方面的直观而感性的认识，把这些感性的形象转变成语言即初步

的概念，再经过形象思维和抽象思维的互动与转变，实现由特殊到一般、由现象到本质的飞跃，抓住生命的特征，建立较完整而科学的概念。例如，在进行"生态系统"概念的教学时，可先引导学生观察池塘、麦地、树林等，分析其中的生物种类、生物之间的关系、生物与无机环境之间的关系，发现植物、动物、各种微生物及非生物环境相互联系、相互依存，共同构成一个整体。学生通过观察分析，归纳出：生态系统 = 生物群落 + 非生物环境。

③问题情境。在利用挂图、实物及演示实验等直观手段的同时，通过教师提出问题、学生带着问题观察并在观察中解决问题的方法提高学生的感性认识，丰富课堂教学，这对培养学生的学习兴趣和想象力能起到很大的作用。例如，在讲解"蒸腾作用"的概念时，可以通过蒸腾作用演示实验进行观察并提出问题：塑料袋内壁上的水珠从哪里来的？通过带着问题观察，学生能形象直观地理解和掌握"蒸腾作用"的概念，知道蒸腾作用是水分以气体状态从体内散发到体外的过程。

（2）概念教学时的情境分析。

①创设比较情境，分析概念的区别和联系。在教学中，教师要及时指导学生对一些相关概念进行对比、归类，揭示概念之间的内在联系，找出本质区别，使概念清晰化和系统化。在学习生物概念时，注意进行分组、结对、列表、归类对比，这样就容易搞清各个概念间的本质区别与内在联系。同时，通过比较，促使学生将新旧知识、同类知识联系起来，分析异同。

②创设强调情境，分析概念的关键字词，理解概念的内涵和外延生物概念是用简练的语言高度概括出来的，其中一些字词都是经过认真推敲并有其特定意义的，它往往提示了概念的本质特征，是生物概念的关键字词。要理解概念的本质，就必须从理解关键字词入手。强调情境不仅能引起学生的注意，而且能激发学生的思维，使学生很容易把握住其中的关系，把学生的思维引向深入，达到"此时无声胜有声"的效果。例如，同种生物同一性状的不同表现类型叫相对性状，其中"同种"、"同一"四个字就需要强调。

③创设问题情境，通过讨论加深对概念的认识和理解。以学生为主的探究学习活动已渐渐成为教学主流。问题讨论在教学中所扮演的重要角色是不容忽视的。问题讨论可帮助学生理解概念，小组问题讨论为所有学生提供了主动学习和进行概念解释的机会。学生提出的概念解释必须接受组员的检验，促其再建构。经由不断的解释、质疑、再建构、反驳、澄清等，共同建构出一个比讨论前更符合科学概念的答案。

（3）概念教学时的情境巩固。

①体系情境。在完成章节知识的教学后，对那些相邻、相对、并列或从属的概念进行类比、归纳，根据它们的逻辑关系，用一定的图式组成一定的序列，形成概念体系。例如，用概念图将有关某一主题的不同级别的概念置于方框或圆框中，再以各种连线将相关的概念连接起来，形成该主题的概念网络，把学生感知"孤立"、"散装"的概念纳入相应的概念体系之中，让学生获得一个条理清晰的知识网络，这样既能帮助学生理解新概念，又能帮助学生进一步巩固深化已学概念。

②比较情境。生物学概念很多，而且很多概念之间的联系和类似的地方很多。如果学生没有比较概念的能力，随着学习深入，概念增多，就容易出现混淆的现象，影响学习效果。引导学生比较概念，主要让学生抓住两点：一是注重寻找比较标准，二是注重概念的内涵和外延的比较。比较概念的过程主要是求同思维和求异思维的过程，所以比较概念有助于提高思维能力。

③发展情境。对学生来说，阶段不同，知识基础不同，对概念的理解也会不同。学生能动地去探究概念的本质，就会形成一个发展概念的过程，探索生命活动规律的内驱力也会得到强化。例如，学习绿色开花植物、细菌、真菌、动物和人体的每一部分内容时，总是先从细胞开始。在教学中，教师要注重引导学生将新内容中细胞的特点与前面学过的生物细胞进行比较，使学生对细胞的认识不再停留在具体的生物个体或类群的水平上，而是归纳出细胞是绝大多数生物体结构与功能的基本单位。

3. 用明确的语言表达教材内容

要知道，教师的语言和文字，无时无刻不对学生产生潜移默化的影响。因此每一个事实，每得出一个结论，都应该推敲语言和文字的正确性，绝不能为了片面地追求通俗、生动而出现科学性错误，绝不能想当然地信口开河。为了做到正确表达，教师应该深入钻研教材。因为在编写教材的过程中，对每个问题的表达都是很费斟酌的。

（二）讲授要有高度的思想性

语言的思想性是指教学内容的方向性和教育性。语言的思想性体现在两方面：一是教师的观点必须正确，必须以辩证唯物主义思想作为指导；在教学中不能有任何违背四项基本原则，与党中央现行的路线、方针、政策相悖的言论。二是要善于挖掘蕴含在教材中的思想道德和情感教育因素，运用恰当的音调、语气等表达技巧，通过生动、形象、贴切的语言，把思想情感教育自然而然地渗透到教学的各个环节中去。

（三）讲授要富有启发性和趣味性

讲授要富有启发性和趣味性。这对于启发学生思考、激发他们的学习兴趣具有十分重要的作用。在生物教学中，教师必须注意激发学生的兴趣，从而调动学生的内在学习要求。在这一方面，绪论和导言的讲授往往具有重要的作用。怎样才能使教学语言具有启发性？教师需注意如下几点：

（1）教学语言要饱含激情，体现出对学生尊重的态度。

（2）教学语言要体现新旧知识的联系，化抽象为具体，做到深入浅出。

（3）善于创设问题情境，激发学生的学习兴趣。

（4）加强直观，善于激疑，开拓学生思维。

（四）讲授应具有较强的系统性和逻辑性

在生物学知识中，各部分内容都是有联系的，各部分教材内容本身也有内在的联系，是系统完整的。教师在讲解时必须从学情出发，做到由浅入深、由易到难，条理清楚、层次分明地进行讲解，使学生不仅获得系统的知识，还能从教师的讲解中得到启迪，学会逻辑的思维方法。

（五）讲授语言应生动形象、丰富而机动

讲授语言应富有感染力、丰富而机动。把生物作为一个活生生的个体来讲述，是保证生物教学中教师语言丰富性的重要途径。教师的语言表达要根据学生的接受水平而有所变化。

（六）讲授要注意巩固性，提高知识的贮存率

（1）加强直观教学和实验教学。

（2）通过有意识记和意义识记来巩固知识。

（3）通过农谚、歌谣等形象识记来巩固知识。例如心脏构造歌："心脏结构要记牢，上房下室紧相连。房连静来室连动，瓣膜保证血循环。"

四、讲解技能训练测评表

讲解技能训练测评表

评价指标	差	一般	较好	好	权重
1. 达到教学目的，实现教学目标要求					0.1
2. 讲解能突出重点，讲解好难点					0.1
3. 为解决重点、难点提供了丰富而直观的感性材料，合理组合运用了各种教具					0.1
4. 逻辑性强或使用类比，讲解条理清楚					0.05
5. 注意理论联系实际					0.1
6. 加强启发、诱导，讲解生动活泼					0.1
7. 讲解符合科学性，用词确切，避免"口头语"，重点关键字词强调得当					0.1
8. 运用了提问，谈话与学生呼应，课堂气氛活跃					0.1
9. 讲解声音洪亮，注意随感情变化有起有伏，速度恰当					0.05
10. 讲解灵活多变，不死记教案，并能面向全体学生讲课					0.05
11. 注意分析学生反应，帮助学生深化、巩固所讲内容					0.05
12. 讲解能调动学生学习的积极性，有利于培养学生的思维、推理能力，即有利于培养学生的生物学能力和发展学生的智力					0.05
13. 各项知识点讲授时间分配恰当					0.05

训练作业

在微格实验室分组进行讲解技能的训练。

思考题

对照讲解技能训练测评表，想一想你的讲解技能有哪些方面需要提高。

项目 4 提问技能训练

训练目的

掌握提问的方法和原则及评价指标，能根据教学任务和中学生的特点把提问技能应用于教学实践。

训练内容

一、提问的概念和作用

提问是教师和学生之间常用的相互交流的教学技能之一，是教师在课堂教学过程中，根据教学内容、教学目的、教学要求设置问题进行教学问答的一种教学行为。通过提问，教师可以直接看到学生的反应，能够开阔学生的思路，启发学生的思维，充分发挥自身的主导作用，活跃课堂气氛，促进课堂教学的和谐发展。因此，有人称提问是教师的常规武器。

二、提问的分类

1. 知识水平的提问

知识水平的提问可以用来确定学生是否已记住先前所学知识，如定义、公式、定理、具体事实和概念等，它能训练学生的记忆力和表达力。教学中常用的"检查性提问"就属于此水平。它具体包括两种：第一种提问要求回答"是"与"否"。这类提问只要求学生做出"是"与"否"的回答即可，不需要进行深入的思考。第二种提问则要求学生回忆已学过的知识（如概念、事实等），回答时所用的句子可以直接从教材中提取，如"哪位同学能说一说蛋白质的空间结构是怎样的"。这种提问对于学生掌握基本知识和技能是必不可少的，一般是在课堂开始的时候为学习新知识提供材料。知识水平的提问是最低层次、最低水平的提问，教师常使用的关键词包括"谁"、"什么"、"哪里"和"什么时候"等。这类提问不宜过多，更不宜连续进行，因为在一个学生回答的过程中，其他学生往往对"听"不感兴趣，注意力不能长期集中。

2. 理解水平的提问

理解水平的提问要求学生对已知信息用自己的语言进行表述。这类提问不仅可以培养学生的洞察能力和掌握知识本质特征的能力，还能训练其语言表达能力，便于教师做出形成性评价。一般来说，理解型提问是用来检查近期课堂上新学知识与技能的理解和掌握情况。它包括三种情况：第一种为一般理解性提问，要求学生用自己的话对事实、事件等进行描述，以便了解学生对问题是否理解，如"请叙述遗传信息的转录过程"；第二种为深入理解性提问，要求学生用自己的话概括原理、法则等，以便了解学生是否抓住了问题的实质，如"请说说遗传信息转录的实质"；第三种为对比理解性提问，要求学生对现象、过程等进行对比，区别其本质的不同，达到更深入的理解，如"请你比较一下遗传信息的转录和翻译有什么不同"。理解水平的提问多用于概念讲解之后或课程板书之时。学生在回答这类问题时必须对学过的知识进行回忆、解释或重新组合，因而是较高层次的提问。在这类提问中，教师常用的关键词是"用你自己的话叙述"、"比较"、"对照"和"解释"等。这类问题的发问应放在教材中具有思维价值的地方，在提问设计上力求引起思维矛盾，激发学生的兴趣。

3. 应用水平的提问

应用水平的提问往往需要建立一个简单的问题情境，让学生用新获得的知识和回忆过去所学知识来解决新的问题。这是较高层次的认知提问，它不仅要求学生将已知信息进行归类分析，还要求学生进行加工整理，达到透彻理解和系统掌握的目的，其心理过程主要是迁移。如"运用我们学习的生物膜概念，讨论植物细胞中还有哪些膜属于生物膜"、"你能运用我们学习的DNA 结构知识画出 DNA 的空间结构并说出它们的结构特点吗"就属于这类问题。在这类提问中，教师常用的关键词是"应用"、"运用"、"分类"、"选择"和"举例"等。

4. 分析水平的提问

分析水平的提问要求学生识别条件与原因，或者找出条件之间、原因与结果之间关系的较高层次的思维活动，可用来分析知识的结构、因素，弄清事物之间的关系或事项的前因后果。这类提问要求学生能组织自己的思想，运用批判思维，分析所提供的资料，寻找根据，进行解释、鉴别或推论，从而确定原因。这种提问源于教材又高于教材，能拓宽学生的思路，提高学生的思维能力。在这类提问中，教师常用的关键词是"是什么"、"为什么"、"怎么样"、"证明"和"分析"等，如"通过观察四种色素层析带和已学的有关知识，你能分析一下为什么会出现四种色素带吗"。

5. 综合水平的提问

综合水平的提问要求学生在脑海中迅速地检索与问题有关的知识，对这些知识进行分析综合，得出新的结论。它所考查的是学生对某一课题或内容的整体性理解，要求学生能有预见性、创造性地解决问题。综合水平的提问有利于培养学生的思维能力，发展学生的概括能力，尤其能激发学生的创造性思维，适合用于书面作业和课堂讨论。在这类提问中，教师常用的关键词是"预见"、"创作"、"如果……会……"和"总结"等，如"如果一个DNA分子上有1 000个碱基对，你设想一下将来最多可翻译成多少个氨基酸"。

6. 评价水平的提问

评价水平的提问可以帮助学生根据一定的标准来判断材料的价值。在分析提问或综合提问后，无论答案怎样出色，都应要求学生分析其理由是否充分，表述是否正确，并对答案进行分析，评价其价值。它要求学生对一些观念、价值观、解决问题的方法和行为进行判断或选择，也要求学生能够提出自己的见解。在进行这种提问前，教师必须让学生建立起正确的思想价值观念，或者给出判断评价的原则，并将其作为评价的依据。最常用的评价型提问要求学生说出对有争议的问题的看法、评价他人观点等，如"××同学的理解思路正确吗"、"大家想想××同学的设计可行吗"。在这类提问中，教师常用的关键词是"判断"、"评价"、"证明"和"你对……有什么看法"等。这类提问的要求和标准不宜只停留于简单的判断，而是要求学生养成通过具体分析再作判断和评价的习惯。

三、课堂教学中提问的"六忌"

（1）忌只注重形式，不注重提问的价值和作用，使学生的心灵和人格遭到扭曲。

（2）忌频率失当，提问过多或过少都会造成学生思维的疲劳或停滞。

（3）忌过分控制学生的表达，破坏学生的创造力。

（4）忌不经思考而随意提问，这种提问在教学质量和效果上难以保证。

（5）忌重复提问，前后表述完全一致会导致学生听取问题时注意力不集中，养成不认真听讲的习惯。

（6）忌只提问不总结，致使学生对教师所提问题始终没有一个清晰的、明确的、完整的认识，甚至有些错误的认识由于没有被订正而被误认为是正确的。

四、生物学课堂教学提问的多种艺术形式

（一）生物学课堂教学提问的设计艺术

1. 精心设计，注意目的性

提问的内容和形式，在课前就应精心设计好，包括设计好问题及参考答案。注意要围绕教学目标，选择重点、难点和关键点（如新旧知识的衔接处、转化处）来提问。系列问题要有内在的逻辑联系，如"关于植物细胞的吸水和失水探究"，可提问："你注意过生活中有关植物细胞吸水或失水的事例吗？说说看。"结合这些例子，可提出以下六个问题：

（1）细胞在什么情况下吸水？在什么情况下失水？

（2）水分是如何进出细胞的？

（3）植物细胞膜和液泡膜是生物膜吗？

（4）它们的基本化学组成和结构与红细胞的细胞膜相似吗？

（5）菜馅渗出水与红细胞失水有什么相似之处？

（6）原生质相当于一层半透膜吗？

此外，还要尽量估计学生可能出现的思路，只有做好了充分的准备，才能做到有的放矢。

2. 用语规范，题意要明确

有的教师上课用语粗糙，缺乏美感，如"鸟靠什么东西飞的"。在提问时，题意应明确具体，这样学生才容易领会教师的意图，使自己的思维迅速定向，

不会因题意含糊不清而难以作答。同时，问题所涉及的范围宜小不宜大。

设计提问时，首先要考虑问题的难易程度，问题太深，如同"死水一潭"；太浅，则会造成课堂表面上的活跃。问题只有稍高于学生的实际水平，才会使他们感到答案若隐若现，从而激发思维。其次，问法要新颖，角度要多变。试比较以下两个问题："蚯蚓是怎样通过体表呼吸的？""为什么下过雨后蚯蚓会大量爬出洞穴？"这两个问题的本质是一样的，但前者易导致死记硬背，后者在联系实际中能让学生活用知识，效果自然就好得多。上述两个问题的问法分别是直问和曲问，除此之外还有反问法设问，如"假设没有腐生细菌，那将会导致什么样的结果"；对比法设问，如"甘薯长在地下呈块状，马铃薯也长在地下呈块状，它们都是根吗？为什么"；疑问法设问，如"有人认为，蜘蛛不属于昆虫纲动物，他的这种认识对吗？为什么"。再次，问题不能流于形式而过于简单，不采用"是不是"、"对不对"这类用一两个字就能回答的问题。

（二）生物学课堂教学提问的提出艺术

1. 问题要表述清楚

教师要善于用音调、语速、音量的变化来突出问题的关键，让学生迅速理解题意。如"为什么老年人容易骨折而青少年的骨容易变形"，问题的部分应慢读和重读。

2. 提问要选准时机

教师应在学生似懂非懂、有思有疑、急于弄清问题的时候进行提问。只有当学生进入了"愤、悱"状态，即到了"心求通而未得，口欲言而未能"之时，才是对学生进行"开其心，达其辞"的最佳时机。如"老师来告诉大家：萤火虫体内含有两种物质，一种是荧光素，还有一种是荧光素酶。当荧光素在体内遇到一种能量时，就会在荧光素酶的催化作用下与氧发生化合反应，从而生成会发光的氧化荧光素。因此，我们可以看见萤火虫发出美丽的亮光"。接着提问："那么，是什么能量激活了荧光素呢？是不是我们所学过的糖类、脂肪和蛋白质这三种能量呢？"

3. 提问要面向全体

即提问要具有广泛性。这里有三层含义：一是难易适中，大部分学生经过思考都能答出来；二是对象广泛，捉摸不定，不要集中于个别学生，要使不同程度、不同位置的学生都有回答的机会。实践证明，不让学生摸清教师在提问谁这方面的习惯，有助于调动全体学生积极思考问题；三是一般不采用先叫学生名字后出题的方式。

4. 提问后略作停顿

面向全班学生提出问题后，建议给学生共同思考的时间，同时环视全班，使不同层次的学生都能够参与回答、参与教学。教师应根据具体问题的难易程度、学生的实际水平及课堂上敏锐的观察来灵活确定给多长的思考时间。

（三）生物学课堂教学提问的导答艺术

1. 指定回答后适当引导

个别学生被指定回答问题时，教师应认真倾听学生的答案，态度要友好，要有耐心，并伴有恰当的体态语。例如，在学生思路正确时，轻轻点头、微笑，让学生得到肯定的信号，鼓励他大胆说出来；在学生思路不正确时，轻轻摇头、皱眉，表示"不对，请再想一想"，这样学生更易接受。只要学生认真思考了，无论答案是否令人满意，教师都应持欢迎态度，使学生感到自己态度的友好，从而更乐于合作。教师不要急于表态，并同时注意观察全班学生的情况。若学生答得不完整，教师要注意提示。例如教师提问："遗传信息的翻译需要什么条件？"若学生漏了 ATP 这一点，教师可引导："tRNA 的转运需要能量吗？"若学生回答有错误，可请其他学生更正补充。

2. 允许学生答案多样化

分析水平的提问、综合水平的提问和评价水平的提问这三类提问都能刺激学生产生新认识，但由于这属于高级认知问题，答案往往不是唯一的，例如："通过学习猪肉绦虫的知识，请大家思考：我们可以从哪几个环节来预防猪肉绦虫病？""白开水、纯净水、矿泉水、蒸馏水哪类水更适合我们，为什么？""地膜覆盖能提高作物产量，但也会造成白色污染，你认为这种做法是否应当废除？"在教学中，教师要保证有一定比例的高级问题。在这些问题中，教师不可以强迫学生按照自己设计好的框框来回答，而要培养学生的求异思维，允许学生有所发展、有所创新。

（四）生物学课堂教学提问的评价艺术

1. 对问题答案的评价

学生回答问题后，教师应先发出"请坐"的指令，然后再结合学生回答的实际情况，对答案进行简要明确的评价。一般来讲，教师很有必要重复一遍正确答案，因为多数学生的回答要么不够连贯、完整，要么声音偏轻。当学生答案不理想时，教师可运用教育机智捕捉答案中的有用因素。例如在"呼吸"一课中，教师提问："青蛙主要靠什么器官呼吸？"学生回答："用鳃呼吸。"（学生哄堂大笑）教师说道："青蛙成体主要用肺呼吸，这位同学提醒我们蝌蚪可是用鳃呼吸的……"

2. 对学习态度的评价

对学生的评价要恰如其分，肤浅的答案不应该得到好的评价。使用评语要谨慎，多用温馨鼓励的评语，即使批评也要心平气和、心怀善意。褒语要有鼓励性、有变化，例如"很好"、"真好"、"说得好"、"哦，你懂得真多"、"有道理，很有说服力"、"好啊，你考虑问题还真全面"等。

五、生物课堂教学中的提问原则

1. 目的性原则

课堂提问应有明确的目的，便于有效引导学生积极思考，为实现教学目标服务。所以，课堂提问忌不分主次轻重，为提问而提问，而要有的放矢，紧紧围绕重点，针对难点，扣住疑点，体现强烈的目标意识和明确的思维方向，避免随意性、盲目性和主观性。如果脱离这一点，往往会导致"问无实质，问多无趣"，影响教学效果和学生能力发展。如在讲授"减数分裂"时，为了让学生明确同源染色体分离的同时非同源染色体自由组合，教师可以这样设计问题："为什么同一种原始生殖细胞会产生不同的配子，且有两种不同的产生方式？"

2. 适量性原则

课堂提问要做到频度适中。有的教师有这样一种偏见，认为课堂提问越多越好。其实这与学生的认识规律是相违背的。因为如果一堂课中问题提得太多，知识密度必然过大，学生思维活动的频率太高，就会造成学生负荷过重，影响掌握知识的质量。问题不能太多，也不可过少。据有心人统计，某教师在一堂公开课上提了 160 多个问题，一节课以 45 分钟计算，平均每分钟就有 3 ~ 4 个问题，学生根本来不及思考，教学效果可想而知。

3. 启发性原则

启发性提问能调动学生学习的积极性。它不但能使学生获得知识，而且能开发智力，培养能力。特别是在学生遇到疑难问题或较复杂的问题时，教师可根据课程目标，把启发点放在教材的重点内容上，提出有思考价值的问题，引发学生联想，加强新旧知识之间或新问题之间的联系，从而使学生顿悟。启发要启而不露，启到学生的困惑点上。

例如，在"物质出入细胞的方式"一节的教学中，在分析渗透系统的演示实验时，教师可设计层层深入的问题情境启发学生思考：你从刚才的演示过程中观察到了什么现象？是什么力量使蔗糖溶液逆着重力方向上升？如果把这个渗透装置继续放置下去，液面还会持续上升吗？为什么？如果把半透膜换成全透性纱布，你认为蔗糖液面会上升吗？如果在烧杯中放入相同浓度的蔗糖溶液，你认为漏斗中的蔗糖溶液还会上升吗？你认为渗透作用发生的条件是什么？在这个案例中，教师以问题串的形式，引导并启发学生步步深入地分析问题，解决问题，建构知识，发展能力。

4. 层次性原则

提问应该讲究层次性，难易要有阶梯性，从简单到复杂，层层深入。教师还应考虑学生的年龄特点和知识的掌握水平，把整体性较强的内容作为一个问题提出来，如果范围太大，学生将很难回答完整。教师可设法把一个大的抽象的问题分解成几个小问题，以问题串的形式展示。如上文分析渗透系统的演示实验时，教师如果一开始就提问："从演示实验中你能得出渗透作用发生的条件是什么"，问题太广太大，学生肯定很难回答。像上文中把一个问题分割成几个并列的或递进的小问题来提问，化整为零，各个击破地分割式提问，把一个个小问题解决了，整个问题自然也就解决了。

5. 趣味性原则

有趣味性的问题能使学生有愉悦感，可以激发学生的学习热情，积极调动学生思维，使学生乐于思考和探究。因此，教师在设计问题时要重视对学生学习兴趣的激发和培养，在备课时要充分挖掘教材中与知识点相联系的兴趣点和兴趣因素，做到知识性与趣味性在设疑中的密切统一。如通过常见的生活现象入手进行提问："当你连续嗑盐渍的瓜子或吃过咸的食物时，你的口腔会有什么感觉？为什么？有什么办法解决？当你把白菜剁碎准备做饺子馅时，常常要放一些盐，一段时间后就可以看见有水分渗出，这些水分是从哪里来的？"又如在浙科版高中生物必修3"人体对抗病原体感染的非特异性防卫"一节的引入中，教师提出这样一个问题："细菌也能辨别男女。据美国《国家科学院院刊》发表的文章报道：女性手上的细菌种类和数目要远多于男性，同学们你们知道这是什么原因吗？"真可谓"一石激起了千层浪"，一下子调动了学生的学习积极性，把学生的兴趣引到这一问题上来。

6. 开放性原则

高中生物课程的一个重要目标就是要求学生具备批判性思维的能力，批判性思维技能的发展已成为基础教育的重要组成部分。这就要求教师在教学中设计问题要有一定的开放性，引导学生从不同的角度和侧面思考、分析和解决问题，培养和锻炼学生的思维能力。教师也可选择一个有争议的话题，以问题的形式设计课程，这可以帮助学生了解争议问题的各个方面，理解不同的观点，并学会了解所争论问题的复杂性，同时，学生在争论的过程中也能够提高自己的批判性思维能力。如上文中提到的为什么细菌能辨别男女就是一个很好的开放性问题。

六、提问技能训练测评表

提问技能训练测评表

评价指标	差	一般	较好	好	权重
1. 问题内容明确，重点突出					0.1
2. 联系旧知识，解决新问题					0.1
3. 问题设计包括多种水平，举一反三，触类旁通					0.1
4. 把握好提问时机，促进学生思考					0.1
5. 表述问题清晰流畅，引入界限明确					0.05
6. 提问后适当停顿，给予思考时间					0.1
7. 提示适当，帮助学生思考					0.1
8. 认真听取学生的答案，及时掌握其他学生对答案的判断反应					0.1
9. 确认、分析答案并做出评价，及时纠正不足，使学生明确					0.1
10. 提问面广，照顾到各类学生，调动学习积极性					0.1
11. 对学生给予鼓励，批评适时恰当					0.05

训练作业

在微格实验室分组进行提问技能的训练。

思考题

对照提问技能训练测评表，想一想你的提问技能有哪些方面需要提高。

项目 5　变化技能训练

训练目的

掌握变化技能的要求和类型及评价指标，能根据教学任务和中学生的特点把变化技能应用于教学实践。

训练内容

一、变化技能的概念

变化技能是指变化对学生的刺激方式以引起学生的注意和兴趣的一种教学行为。变化技能是教师的基本教学技能之一。变化技能和教师在课堂上的动作、移动、讲话及个人的教学风格有重要关系，同时也包括充分利用多种教学媒体组织学生主动学习等，这关系到课堂教学质量的高低。变化技能发生于教学过程的各个环节，对于教学本身以及在教学过程中密切师生关系方面都具有积极作用。生物学教学过程的生动活泼常常借助于对学生不断变化刺激方式，主要是通过变化教学活动方式，使用不同的教学媒体，调整课堂教学节奏，改变教师的声音和声调、表情和眼神等来实现的。

二、变化技能的作用

1.唤起并保持注意力

教师运用变化技能，可以创造良好的学习氛围，把学生的注意力始终集中到教学上来，使其完全沉浸于教学的情境之中。当讲到重点、难点或关键问题时，或当学生的注意力不太集中时，教师采用一定的方式进行强调、提醒，可以唤起学生的注意力，使他们有明确的注意方向。

2.引起兴趣，激发求知欲

学习兴趣是学习动机中最基本、最活跃的因素。在教学过程中，不断地变化教学方式，可以激发学生的学习兴趣，使学生总是处在高涨的情绪中，全神贯注地学习和思考。教师运用变化的技能，可以唤起学生的学习热情，活跃教学气氛，营造良好的学习氛围。

3.兼顾不同认知水平的学生

学生的智力是有差别的，应区别对待、因材施教，才能在不同层次上调动学生学习的积极性和主动性，全面提高教学质量。不同的学生对同一信息的认知水平和接受能力是不同的。例如，有些学生能够接受语言表达较为抽象的信息，有些学生却需要借助较为直观的教学媒体才能接受同种信息。

4.有利于理解和掌握知识

多样化的教学方式和学习活动能够激发学生的学习兴趣，使学生精神振作，不易疲倦。一般来说，在几种感官协同活动下，学生才能获得对客观事物的全面了解。学生是通过自身的感官来获取信息的。在教学中，只有适时、适当地选择和利用各种信息传输通道，或运用变化技能适当地变换信息传输通道，尽可能地调动学生的不同感官，才能有效地、全面地向学生传递清晰而有意义的教学信息，使学生较好地理解和掌握知识。

三、变化技能的一般要求

实践证明，生物学教师的精神状态直接影响着良好的教学气氛的形成，而良好的教学气氛具有感染性的、催人向上的力量。生物学教学过程并不完全是一个生动活泼、轻松愉快的过程，而应该说是一个艰苦的脑力劳动过程，教师如果能够通过情感上的"感化"和"熏陶"，融洽师生关系，调动学生积极参与教学活动，就能使学生积极、愉快、勇于克服困难地去学习。优秀的生物学教师常常有情有趣，既严格要求又体谅尊重，既轻松又紧张，这就要求课堂教学有变化。教师在使用变化技能时应注意如下几点：

1. 教学变化应该目的明确

在生物教学中，教学变化是必然的，但是变化应该有明确的目的性。例如，讲授重点的内容应该适当加大音量和放慢速度，应该采用多种教具从各个侧面加以阐述，应该在板书上明显地给予突出等，这些变化的目的就是引起重视，讲透重点。再如，教师在讲授"有丝分裂"的内容时，可用双手十指的配合动作帮助学生理解；教师在讲授"神经元的结构"时，可用伸展一只手臂并张开手掌来进行直观形象的比喻。这样的教学变化，其目的性是十分清楚的。但是，有些教师的变化动作只是习惯动作，并不具有任何目的，这是不可取的。还有些教师习惯于双手分开抖动着，不管内容是否重要，都拖长着声调重复，这样是没有任何教学意义的。

2. 教学变化应该因"需"而变

变化应该建立在教学需要的基础上。生物学教师在教学过程中常常用双手的变化表示大小、比例、形状、空间位置等，用身体的姿势和眼神及头部的摆动等变化形象地表示动物的行为、环境的优劣、生物的形态甚至生物的情感等，这些都是教学的需要，"变"得有理。如果已经采用录像或多媒体给出生动直观的演示，教师就没必要再用双手、身体姿势、眼神等重复变化了。

3. 教学变化应该运用适度

教学实践表明，教师的表情、姿态、手势等的变化对教学的语言表达起着重要的配合、修饰、补充、加深的作用，它能使教师的表情达意更加确切、丰富、易懂。但是，教师的教学变化应该是自然大方的，吐露的应该是真情实意，而不应该矫揉造作。变化动作的幅度应该恰到好处，切记过大、过猛和过频。

四、变化技能的类型

（一）目光的变化

目光是生物学教师重要的表情反应。眼睛是"心灵的窗户"，在教学过程中，教师和学生、学生和学生之间都在不由自主地通过目光的接触来表达各自的思想和情感。事实证明，当学生饶有兴趣地听讲时，目光都是正视教师的；而当教师提问时，能够回答的学生的目光总是充满自信的，不会回答的学生则常常低头避开教师的目光；回答完问题的学生如果轻松地望着教师，那么他一定是比较满意自己的回答，期待着教师的肯定和称赞等。因此，教师在讲课时，不应该只想着自己的教案，望着天花板或地板，或只对着黑板，而应该不断改变自己的目光，使视线不断落在每个学生身上。经验丰富的生物学教师总是注意目光的变化，使每个学生都处于他的视线之内，这是控制课堂教学中学生注意力的有效方法。例如，他们会把目光较长时间地停留在做小动作的学生身上，使他们知道教师已经注意到了，现在没有点出他们的姓名是在看他们能否立刻改正；他们在使用直观教具时，会尽量使教具处于教师和学生目光连线的中间，这样，学生既在观察教具，也在注视着教师；他们既能准确地演示教具，也能关注学生是否在注意听讲和观察。不少教师比较注意用目光调控和管理学生，同时也应该认识到教学要产生"动之以情，晓之以理"的效果，其中"动之以情"主要来源于教师的亲切、宽容、信任、期待、鼓励的目光。

例如，在讲授"ATP分子的结构"时，教师可利用自制的一个ATP分子结构模型进行生动的讲解。在演示教具的同时，注意用目光调控和管理学生，关注学生是否在注意听讲和观察。在提问全体学生波浪形的化学键即"高能磷酸键"一共有几个时，可以一边微笑，一边用目光扫视全班，这些目光和面部表情的变化体现了教师对学生的积极态度，能够消除学生的紧张情绪，起到鼓励学生积极思考的作用。当学生集体回答有两个后，教师可以伸出两个手指以强调"二"这个数字，加强学生对这一知识点的印象。

（二）面部表情的变化

面部表情是任何人内心情感的重要表现。在课堂教学过程中，教师的面部表情对激发学生的情感、营造和谐的课堂教学气氛和良好的智力发展环境具有特殊的、重要的作用。有的教师认为，在教师的面部表情中，最能表情达意的就是微笑。教师的微笑能使学生消除紧张的情绪，可以体现教师对学生的关心、爱护和友谊。教师发自内心的微笑意味着"你们都是好样的"、"我很喜欢你们"、"你们的回答令我十分满意"等。但是，如果教师整节课都在微笑，就失去了微笑的积极含义，一味地微笑也不能组织好课堂教学。教师应随着教学进程的需要和课堂情境的变化，不断调整自己的面部表情，需要严肃的时候一定要严肃，而严肃后的微笑则更加具有积极的作用。

（三）身体动作的变化

身体动作的变化主要是指教师在教室里身体位置的移动或身体的局部动作，包括走动、手势、姿势等。"情动于中而形于外"，任何人的思想感情总是有意无意地通过外部姿势和动作流露出来，即一定的身体动作和姿势表达了一定的信息。一般来说，生物学教师在教学时不应一直呆板不动，身体姿势或动作应随着教学内容和课堂状况的变化而变化，包括头、手臂、脚步、身体的上半身等的变化。但是，教师的身体动作不应变化太大。例如，教师教学时的走动一般主要以讲台为中心，只有短距离的变化，除非要演示小型教具、参与学生的教学讨论、了解学生课堂练习的情况，才走下讲台到学生中间去。过分频繁的走动或走动的幅度太大会使学生过多地注意教师的走动而分散听课的注意力。一些教师认为，教师在教学中应该"走有走相"、"站有站样"。站立时应该昂首挺胸，避免双臂交叉或双腿交叉，或将一只脚踏在凳子上，或双腿不停地抖动等。教师应该适当变换手势，以表现积极的情绪和吸引学生的注意，但是手势也不能变化太多、太频或完全没有意义，这样会给学生留下浮躁的印象，也会干扰学生听课。教师头部的变化也有重要作用，例如，不善于发言或基础较弱的学生回答问题时，如果教师恰到好处地点点头，就能有效地鼓励学生继续回答问题；如果教师一直不点头，学生就会以为教师完全不同意自己的答案；如果教师一直在点头，学生又会以为教师完全同意自己的答案；如果教师点头之后又突然停住并伴随皱眉等表情，学生又会得到教师传来的"可能有问题"的信息，从而继续认真思考再回答。

生物学教学中手势的运用特别重要，生物体或局部结构的大小、形态，细胞的形态结构，以及动物的某些行为等，都可以通过手势和身体姿势的巧妙配合，更加形象生动地加以表达。例如，神经元的一般形态可以通过伸直自己的上肢并张开手掌来表示，人的心脏可以用自己的拳头来表示，肾小囊和肾小球的位置关系可以用一只手张开握住另一个拳头来表示，鱼尾鳍的摆动可以用一只手的摆动来表示，ATP 水解的时候第二个高能磷酸键水解断裂并释放出能量可用一只手由握拳张开做出"释放出能量"的动作来表示等。

（四）课堂教学节奏的变化

讲课有节奏感，是一种讲授艺术，也是有经验的教师讲课成功的要素。讲课节奏主要包括语言、内容和时间三大节奏。

1. 语言节奏的变化

语言节奏是指讲课时语音、语调的高低和讲话的速度。语音要清晰流畅，语调要抑扬顿挫，讲话要快慢适度。一般来说，讲话速度要根据讲课内容和学生情况而定。重点要反复地讲，以使学生加深印象；难点要缓慢地讲，以使学生有回味咀嚼消化的过程；一般内容要简明扼要地讲，以使学生了解概要。这样就能使学生在教学节奏中把握最重要的内容。如果一律用同等速度平铺直叙，就会显得机械呆板，使学生一片茫然，不得要领。

2. 内容节奏的变化

内容节奏是指讲课要讲究内容布局。教师应把讲课内容作一番合理安排，做到简繁分明、疏密得当。为此，教师必须注意三点：一是开头要生动，把学生带进规定的场景，以引起他们的兴趣和注意。二是讲述要善于变化。教师应当有节奏地把有意注意和无意注意相互转换。在讲完一段有意注意的内容后，穿插一些能引起无意注意的实例，使学生的身心得以调节。三是结尾要有余味。教师在结尾处把话讲满，会妨碍学生对内容的反思。

3. 时间节奏的变化

时间节奏是指讲课要科学地分配时间。有紧有松，才能突出重点，才能有助于消除学生的疲劳感，达到良好的教学效果。初执教鞭的教师往往不能把握好时间节奏，容易出现虎头蛇尾、草率收场的局面。为避免这一点，教师在上课前必须熟悉自己的讲稿，对于每个问题大致占多少时间，要做到心中有数。讲课时，如果第一个问题超出了预定时间，在讲第二个问题时，就应当设法调整节奏，加以弥补。当然，这种调整不能削弱讲解的基本内容。

（五）教学语言的变化

课堂教学活动主要是以教学语言为信息载体，因而，课堂教学变化的主要内容之一是教学语言的变化。

1. 教学导入语言的变化

在每节课的开头，或一节课各段教学的开始，教师常常需要通过一些引导语言来集中学生的注意力，调动他们的积极性。好的导言在教学中能起到事半功倍的效果。但是，导入语言的方式有许多种，如简洁的"开门见山"式、"承前启后"式、"以问致思"式和"高度概括"式，这些方式各有各的优点和缺点，教师应当根据不同的教学内容加以选择应用。例如，有的教师习惯用"开门见山"的方法，直截了当地引入所要讲授的内容。这种方法在某些情况下，或许收到了比较好的教学效果，但是，如果这位教师在每节课的开头或每节课各段教学的开始，甚至在长期的教学中，都采用这一种方法的话，他的导言就会因为方式过于单一、重复，而失去引起学生注意的作用。所以，教师在运用教学导入语言时，关键在于针对教学的实际需要，对导入语言的方式进行优选组合。

2. 教学讲授语言的变化

一节课要上得生动活泼，教师的语言就要风趣且富有变化，避免平铺直叙。课堂用语主要有以下八种：赞扬式、商量式、逗趣式、鼓励式、诱发式、追问式、补充式、归纳式。教师如能灵活变换语言方式，就能活跃课堂气氛，取得良好的教学效果。

（六）教学模式和方法的变化

所谓教学方法，是指为实现既定的教学任务，师生共同活动的方式、手段、办法的总称。生物学的教学任务是多方面的，教学对象也存在很大的差异，因而，教学的模式及方法也应该是多种多样的。在生物学教学中，教学模式主要有"传递—接受"式、"自学—辅导"式和"引导—发现"式；教学方法主要有直观教学和演示法、讲授法、谈话法、程序法、发现法等；在生物学实验课上，还有演示实验法、学生实验法和学生课外实验法等。能够灵活运用各种教学方法，是一名优秀的生物学教师必备的能力。

教学实践证明，一堂生物课的教学，常常需要各种教学方法的相互配合，才能收到良好的教学效果。教学方法是由教学内容和教学目标所决定的，而一节生物课常包含多种内容。例如，在讲授"植物光合作用"一节时，既有光合作用的实质和意义的知识，又有光合作用的基本概念和化学反应式；既有联系实际的知识，又有演示实验和学生小实验的内容等。这就要求教师能根据不同的教学内容，适当改变教学方法。多种教学方法的合理结合，能够把视觉、听觉、嗅觉、味觉、触觉等各种类型的感官知觉和思维活动同时组织到掌握知识的过程中，这有利于增强感知的效果和促进各种能力的发展。同时，教学方法的变化能让智力水平不同的学生都产生学习兴趣，集中注意力。提倡教学方法的变化，也是各种教学方法本身具有局限性的反映。例如，在"基因控制蛋白质的合成"的教学中，教师摒弃传统的教学模式，以"自主学习、讨论探究和小组协作演示"作为学生学习的基本方式，重视培养学生的科学素养，融合直观演示法、探究法、讨论法和分析归纳法等多种教法，实现师生互动、生生互动。学生通过独立思考、小组活动、实践演示和课堂练习，学会动脑思、动手做、动口议，在"动"中发现问题、解决问题，在

"动"中培养合作意识。这样能使学生的感性认识上升到理性认识，最终达到预期的教学目标。又例如，在"两对相对性状的杂交实验"的教学中，教师大胆创新，利用自编自制的音乐视频对两对相对性状的杂交实验进行阐述，引导学生叙述该实验的过程及结果，同时利用多媒体课件展示学生在教师的引导下进行的阅读、思考、观察、讨论和计算等活动。这样既调动了学生参与课堂的积极性和主动性，又达到了教学目标。

如果只有抽象的讲解，而不与直观演示相配合，学生就只能死记硬背，而得不到感性认识。当然，提倡教学方法的多样化，并不是要求尽可能多地采用多种方法。如果在一节课内不恰当地使用多样化的教学方法，反而会使学生眼花缭乱，分散学生的注意力，破坏学生的逻辑思维。

（七）教学媒体的变化

教学媒体是指在教学活动中用来传递以教学为目的的信息的媒介物。教学媒体主要有三大类：口头语言媒体、文字与印刷媒体及电子媒体。电子媒体又称电化教育媒体，包括幻灯、投影、录音、广播、电视、计算机课件等。电化教育媒体能把教学信息即时传播于广阔的范围，为实施远程教育、扩大教学规模、实现教学资源共享提供了先进手段。它除了能传送语言、文字和静止图像之外，还能传送活动图像，准确、直观地传播事物运动状态与规律的信息，有助于提高教学的质量和效率。此外，它还能为个别化学习、继续教育、创建新的教学模式、促进教育改革和发展提供物质条件。不过，虽然电化教育媒体具有上述多种优越性，但它不能替代口头语言媒体、文字与印刷媒体等传统教育媒体，这些媒体始终是教育活动中的重要媒体。各种媒体都有自己的特点和功能，又有其局限性，教师在教育活动中应该注意教学媒体的变化，把多种媒体进行优化组合，取长补短，互相补充，综合利用。例如，在人教版高中生物必修2第四章第一节"基因指导蛋白质的合成（二）"中"遗传信息的翻译过程"的教学设计中，教师大胆创新，采用多媒体课件，结合 Flash 动画讲解和自制的 tRNA、核糖体、mRNA 链、游离的氨基酸的模型等组合教具，把抽象、复杂、微观的翻译过程动态化、形象化、宏观化。再如，在人教版高中生物必修2第三章第二节"DNA 的分子结构"的教学设计中，教师在教学过程中将传统教育媒体和现代教育媒体相结合，采用 DNA 立体模型和 3D 动画进行演示和讲解，从而把微观转化为宏观，将抽象变为具体，使学生对 DNA 分子立体结构有了一个形象化的认识。又例如，我们在北师大版初中生物七年级下册的"血液循环"一课的教学设计中，紧紧围绕解决人体血液循环的途径和意义这个重点和难点上，选择了人体血液循环途径模式挂图、彩色文字途径图解投影片、人体血液循环动态投影片、自制的小鱼尾鳍血液流动彩色录像片段和巩固形成性练习填空题投影片，进行合理的组合教学，收到了较好的教学效果。不过，有一点必须注意，教学媒体的变化必须适度、合理，要依据不同的教学任务、教学内容及学生的需要和水平进行选择，而不是多种媒体的简单堆砌，也不是用越先进的媒体，效果就越好。不恰当地使用过多的媒体，会分散学生的注意力，使学生无法掌握系统的知识。

五、变化技能训练测评表

变化技能训练测评表

评价指标	差	一般	较好	好	权重
1. 音量、语调变化恰当					0.1
2. 声音的速度、缓急和停顿恰当					0.1
3. 强调恰当					0.05
4. 面部表情变化恰当，教态自然					0.1
5. 手势、头部动作变化恰当					0.1
6. 目光接触变化恰当，接触学生恰当					0.05
7. 身体移动适当、自然					0.1
8. 运用教学方法和教学媒体的变化					0.1
9. 触觉、操作活动使学生有动手机会					0.1
10. 教学重点、关键处强调恰当					0.1
11. 师生相互配合					0.1

训练作业

在微格实验室分组进行变化技能的训练。

思考题

对照变化技能训练测评表，想一想你的变化技能有哪些方面需要提高。

项目 6　强化技能训练

训练目的

掌握强化技能的类型和方法及评价指标，能根据教学任务和中学生的特点把强化技能应用于教学实践。

训练内容

一、强化技能的概念

强化技能是教师在教学中的一系列促进和增强学生反应和保持学习动力的教学行为。强化是塑造行为和保持行为强度不可缺少的关键，其理论早先源于条件反射和反应性条件反射、刺激和反应理论，现代又源于信息论、控制论、系统论中的信息强化理论。

二、强化技能的作用

强化技能的作用主要体现在：

（1）引起学生的注意，使学生在教学过程中将注意力集中到教学活动上。

（2）激发学习动机，引起学习兴趣，明确学习目的。

（3）促使学生积极参与活动，活跃教师与学生的双向交流。

（4）改善学生的行为，如遵守纪律、正确观察等。

强化是学生进一步学习的重要因素，它是课堂教学中为促进学习的进展而需要研究的一个重要变量。因此，教师应研究和掌握这种技能。

三、强化技能的类型

强化技能的方式有很多。教师在教学中可运用激励、赞扬的语言，期望、称赞的目光与眼神，赞美的手势，会心的微笑，还可利用面部表情、体态和活动方式，为学生创设学习的最佳环境，增强情感的感染力，强化学生的学习情绪。强化技能主要有语言强化、活动强化、符号强化、变化方式强化等类型。

1. 语言强化

语言强化是指教师用语言评论的方式，如表扬、鼓励、批评和处罚，对学生的反应或行为做出判断和表明态度，或引导学生相互鼓励来强化学习效果的行为。语言强化一般有三种形式：口头语言强化、书面语言强化和体态语言强化。

（1）口头语言强化。口头语言强化是指教师对学生在课堂上的反应和表现以口头语言的形式做出有针对性的确认、表扬或批评，以达到强化的目的。

（2）书面语言强化。书面语言强化是指教师通过在学生的作业或试卷上所写的批语，对学生的学习行为产生强化作用的一种方式。

（3）体态语言强化。体态语言强化是指教师运用非语言因素的身体动作、表情和姿势，对学生在课堂上的表现表明自己的态度和情感。一个教师的教学魅力，往往体现在他/她通过自己的体态语言和学生进行非常默契的信息交流。一个会意的微笑或一种审视的目光，都可以把教师的情感正确地传递给课堂里的每一个学生。常用的体态语言有：微笑、手势、目视、鼓掌、点头或摇头、接近或接触等。例如，在演示讲解 ATP 分子的高能磷酸键具有水解断裂并释放能量的特性时，教师可用手握拳然后张开的动作来表示"释放能量"，这样能给学生留下深刻的印象，达到强化知识的目的。

2. 活动强化

如果教师把学生的学习本身作为强化因子，即把容易引起学生兴趣的活动放在难度较大的学习活动之后，做到先张后弛，就可以强化难度较大的知识。在教学中，学生经过紧张的思维活动，初步形成了有关理论的概念，教师就可以提出一些生动有趣的问题，让学生通过解决这些问题来深化、巩固所学知识，这是对所学理论的强化。教师还可以在一段紧张的学习之后，设计课堂练习和一些学生感兴趣的活动，让他们参与进来，相互影响，这样能起到促进学生学习的强化作用。具体方法有以下几种：

（1）有针对性地让学生参与课堂练习，给他们提供表现的机会。例如，在"遗传信息的翻译过程"的教学设计中，在最后的环节进行课堂练习，引导学生完成转录和翻译的比较表，让学生掌握转录和翻译的不同之处，从而达成教学目标。或通过设置问题"陷阱"让学生解答，"先错后纠"，达到强化的目的。

（2）请学生帮助教师进行演示实验。

（3）组织学生开展协作活动。例如，在"遗传信息的翻译过程"的教学环节中，最后让小组派代表上台，利用自制的教具，协作演示"遗传信息的翻译过程"，让学生亲身演绎遗传信息的翻译过程，体验基因表达过程的和谐美和逻辑美，体会基因指导蛋白质合成的奥妙之处。

（4）给个别学生布置新的、高一级的观察练习和习作练习等，促进学生的学习活动。

（5）开展竞赛类活动。

3. 符号强化

符号强化又称标志强化，是指教师用一些醒目的符号、色彩的对比等来强化教学活动。具体体现在：

（1）在作业中加评语、五星等。

（2）重点、难点处的板书加彩色圆点、彩色曲线或彩色方框等标志，引起学生注意。

（3）在演示实验中，在观察的重点处加标志、说明等，以强化实验的目的。

4. 变化方式强化

变化方式强化是指教师运用变换信息的传递方式或变换活动等使学生增强对某个问题的反应的一种强化方式。

四、强化技能的应用原则与要点

强化技能的应用原则与要点主要有以下内容：

（1）目的明确。应用强化技能时一定要将学生的注意力引向学习任务上来，提高学生参与教学活动的意识，帮助学生采取正确的学习行为，并以表扬为主。

（2）注意方式的多样化。

（3）努力做到恰当、可靠。

（4）应用强化技能时，教师的教学情感要真诚。

五、强化技能训练测评表

强化技能训练测评表

评价指标	差	一般	较好	好	权重
1. 对学生的反应能及时给予强化					0.1
2. 强化方法符合学生的表现					0.1
3. 以正面强化为主，不用惩罚方法					0.08
4. 运用微笑、手势、目视、鼓掌、点头或摇头、接近或接触等恰当、自然					0.12
5. 教学重点、关键处标志强化恰当					0.1
6. 鼓励基础较弱的学生的微小进步					0.08
7. 运用教学媒体的变化或变换活动等的强化					0.12
8. 能随时注意获得教学反馈信息					0.1
9. 能利用反馈信息调节教学活动					0.1
10. 强化方法符合学生的年龄特征					0.1

训练作业

在微格实验室分组进行强化技能的训练。

思考题

对照强化技能训练测评表，想一想你的强化技能有哪些方面需要提高。

项目 7　演示技能训练

掌握课堂教学演示的基本要求及评价指标，能根据教学任务和中学生的特点把演示技能应用于教学实践。

一、演示技能的概念

演示技能是指教师利用各种教具、实物或示范实验，使学生获得有关知识的教学方法。虽然抽象思维是全面认识生物科学的重要方式，但是生物学教学的许多基本原理都是建立在宏观世界和微观世界的基础上，因此，课堂教学演示对生物学教学具有重要的意义。

生物学课堂教学演示过程主要是在教师、教具和学生之间进行的。在这一过程中，教师是直观信息的传递者，学生是直观信息的接受者，教具是直观信息的"载体"。可以说，直观信息传递的效果在很大程度上取决于直观信息的选择与组合、直观信息的输入方法与技能、直观教具的制作技能等。

二、课堂教学演示教具选择与组合的基本要求

各种教学演示教具对生物教学过程中兴趣的激发、知识的讲授、重点的突出、难点的突破、知识的复习巩固、技能的训练、能力的培养等具有各自不同的作用，有时甚至是不可替代的作用。同时，教学实践和研究表明，直观教具并不是越多越好。因此，在生物学教学中，能否适当选择与组合教具也关系到教学效果能否得到切实的提高。在选择与组合教具时，教师可以考虑以下五个方面的问题：

1. 教具的科学性

运用直接的生物体进行生物学课堂教学，对生物学教学质量的提高具有明显的意义。但是，由于季节、地域的差异，生物本身的大或小、性格的温驯或凶残，活生饲养或栽培的困难等，在实际的教学过程中，教师常常要用大量的、间接的教学用具，例如挂图、模型、投影或幻灯等。这些教具虽然经过一些专家的审查，但是有时仍然会有不足之处，因此，演示教具的科学性仍然应该给予一定的重视。例如有的教师在制作人在"吞咽"时会厌软骨的变化状况的教具时，为了方便，把会厌软骨"安放"在舌根上，这显然是错误的，在选择教具时要摒弃这种可能带来副作用的教具。教具一般不会和生物的大小完全一模一样，但是，教具各个部分之间的大小比例应该符合要求。例如，人体胸腹部内的脏器不仅形状应该像真实的脏器，相互之间的大小比例也应该基本相似。教具的颜色一般也不会和生物体的真实颜色完全一模一样，但是，在可能的情况下，应尽量选择颜色比较真实的教具。例如，叶绿体应该是绿色的，心脏应该是红色的等，在自制投影片时，不能因为追求色彩鲜艳而随便"涂色"。这些也是选择教具时应该考虑的科学性问题。

2. 教具的必要性

在选择教具时，教师应该考虑演示教具的必要性，应该围绕教学重点和难点内容来选择相关的教具。例如，在"基因指导蛋白质的合成（二）遗传信息的翻译过程"的教学设计中，教师可采用多媒体课件，结合 Flash 动画和自制的 tRNA、核糖体、mRNA 链、游离的氨基酸的模型等组合教具进行演示和讲解，把抽象、复杂、微观的翻译过程动态化、形象化、宏观化，从而突出重点，突破难点，较好地完成教学目标。有的教师选择教具时过多地考虑趣味性，这是不可取的。例如，一位教师在讲授"苔藓植物"时，制作了一件"苔藓植物胞蒴散放孢子"的教具，在教学时，几次拉开胞蒴的"蒴盖"，让里面的粉笔灰飘散开来，模仿孢子散放的过程。该做法不可取的原因，一是孢子散放过程并不是教学重点，二是"假孢子"即粉笔灰无益于学生的健康。在讲授"苔藓植物"时，教师应该选择诸如"苔藓植物形态结构"的纸板模型或塑料模型、"苔藓植物生物史"挂图以及苔藓植物活体教具，也可配合有关"苔藓植物生活环境"的录像片或 CAI 课件，以及苔藓植物叶片或茎或假根的玻片标本等。

3. 教具的实用性

在选择教具时，教师应考虑教具和教学内容的统一性。由于我国中学生物学教材变化较大，教具没有做到同步配套，借用老教具上新课的情况比较普遍，恰当选择和修改教具以适应现用教材的教学就是应该注意的问题。例如，目前的九年义务教育教材的难度一般比较低，很多难点被删除了，如果不加选择地采用原先的挂图，必然会出现教学内容和教具不相符的问题。这类教具是不实用的。同时，在选择教具时，还应该选择有一定大小、便于使用和携带、经久耐用的教具。例如，石膏质地的教具应尽可能地避免使用。

一幅植物叶形的挂图能把绿色开花植物较常见的心脏形、扇形、长椭圆形、类肾状圆形、卵形、圆形、带形、针形和箭形等叶形反映出来；一幅食肉目动物的挂图，不仅能同时把家猫、豹、虎、狼和狐等五种代表动物反映出来，还能同时把该目动物门齿小、犬齿强大锐利、上颌最后一枚前臼齿和下颌第一枚臼齿特化为食肉齿、趾端具利爪等主要特征表现出来。因此，在很多时候，采用挂图既能解决问题，又携带方便，可谓生物教学过程中最基本的教具。很多关于生物形态结构的模式挂图能把生物体复杂的形态结构模式化，使学生能一目了然地看清和认识其特点，这是生物活体和模型所不能比拟的。

4. 教具的立体化和动态化

教学实践表明，立体感强、动态化好的教具能使枯燥的知识趣味化，抽象的概念具体化，深奥的道理形象化，对于调动学生学习的积极性具有重要的作用。例如，采用 DNA 立体结构模型及其 3D 动画，就能把较抽象的 DNA 双螺旋结构变得具体；再如，若自制投影片能将声波经耳郭收集传入耳内，并经过鼓膜和听小骨的传导进入内耳的动态过程表现出来，效果会更好。

5. 演示教具的优化组合

在教学过程中如何优化组合各种教具也关系到教学效果的优劣。首先，少而精是优化组合教具的首要原则。教具不是越多越好，只有遵循少而精的原则，才不会使教具在演示中一闪而过，不会使教师在课堂上手忙脚乱，也不会使学生目不暇接。少而精的含义是紧紧围绕教学的重点和难点。其次，要合理安排，在各个教学环节中使用最恰当的教具，这样才能使每个教具在各个环节上发挥最重要的作用。例如，在进行"细胞结构"的教学时，教师可以先用显微镜观察细胞结构的玻片标本，获得细胞结构的直观知识，再通过细胞结构的挂图进行精讲，把细胞结构的模型用于复习巩固环节。这样就把几种不同的教具用于不同的教学环节，从不同的侧面揭示出细胞结构的本质特征。再如，在进行"根的结构"的教学时，教师可以先拿出一个植株，让学生观察根的整体，有主根有侧根，并说明根的功能。然后，教师发给每个学生一株小麦幼苗，让他们观察根尖。学生从小麦根上找出根尖，同时用肉眼大体观察根尖的各部分。在观察根尖的外部形态后，再转入微观，观察根尖的显微结构，先用挂图指明从根的纵切面自下而上可观察到根冠、生长点、伸长区和根毛区四部分，再按顺序引导学生结合板图仔细观察各部分细胞的结构和排列特点。这种通过优化组合直观教具的教学，不仅能促进学生对知识的理解，而且能培养学生按照合理的顺序观察生物的能力。

三、课堂教学演示教具的基本要求

1. 演示教具应在最佳时机及时出现

演示教具应该抓住最佳时机，适时展现。教具出示得过早或过晚，都可能影响教学效果。有的教师上课前就把挂图挂出来或把模型放在讲台上，学生一般会把注意力集中到教具上，而到该让学生观察教具的时候，学生已经对教具失去新鲜感，观察的兴趣也就降低了。有的教师在讲完课后才让学生观察教具，由于语言信息和直观信息不同时出现，必然会增加学生接受信息的难度。演示教具的及时出现，还包括教具演示完后及时移去，如果不及时移去，可能还会分散部分学生的注意力，影响下一阶段的教学效果。

2. 演示教具应有指导性语言的配合

演示教具的语言配合包括启发性的引言（导言）、说明性的引言（交代）等。例如，一位教师在演示一个自制的 ATP 分子结构式模型时设计了如下导言："请大家仔细地观察这个 ATP 分子内化学键的连接，看看有没有哪些特殊之处。（拿着教具走下去）大家有没有看到在 ATP 分子的后面的磷酸基团之间是通过波浪形的化学键连接的？有的同学看到了。对，这些不同的颜色是老师为了让大家看清楚而涂上去的。但是，波浪形的化学键的确是 ATP 分子所特有的结构！"当学生对所学的生物学知识缺乏兴趣时，再新颖的教具也很难激起其兴趣，所以，演示教具前设计启发性的引言非常重要，演示教具前设计说明性的引言也非常重要。无论什么样的教具，它们和真实的生物体总会有这样那样的差异，因此在讲授有关知识前应该对教具的差异，例如大小比例、代表颜色等作简要介绍。如果是切面或部分结构，还应该对教具的切面部位和方向作介绍。这样才能使学生从一开始就能跟上教师的思路，正确地理解教师教授的知识。例如，有的教师在演示心动周期的示意图前说："成人的心脏 24 小时内所做的工作，相当于把 32 吨的重物升高 33 厘米，并且不会疲劳。为什么会这样呢？我们一起来研究一下这幅挂图。"这种"巧设悬念"以激发学生探索欲望的语言配合为教具演示的最佳效果作了极为重要的铺垫。学生的积极性被调动起来，求知欲望高涨，自然会全神贯注地听教师的演示讲解。

3. 演示教具应该面向全班、人人可见

演示教具的目的是让每个学生都能看清楚教师想让学生看清楚的内容。首先要求教具比较大，特别是重要的部位要能让全班学生都看清。有的教师演示的教具不够大，或者主要的部位不够大，势必会影响教学质量。其次要求演示时教具必须放于学生可见的高度上，也要求在适当的光线条件下演示。有的教师托举模型时高度不够，或者挂图挂得不够高，这对学生的观察极为不利。一般情况下，演示时要求光线充足，但有时却要求暗光条件，例如采用电教媒体时。有时还必须注意演示材料和背景的关系，例如教师演示长有白色菌丝的试管时，应该在试管背侧衬垫黑色板纸；而在观察长有黑色孢子囊的黑根霉时，应该在试管背侧衬垫白色板纸等。对于较小的实物、标本或实验结果，由教师拿着在教室里巡视走动，轮流指导观察。如果有条件的话，可以分发在学生桌上，一人一套或两人一套。

4. 演示教具应指点清楚

演示教具应该按一定的顺序分层次进行，例如，可以根据学生的视觉习惯，按从上到下、从左到右、从外到内、从总体到局部、从宏观到微观的顺序逐步进行。在演示中，教鞭应该明确地指示在准确的部位，即要注意"点"、"线"、"面"。例如，在指示"点"（如昆虫的单眼、衣藻的眼点、细胞核、细胞器等）时，教鞭要点在"点"上不动；在演示自制的 tRNA 模型时，应准确指点一端是氨基酸的结合部位，而另一端是反密码子的部位。再如，在指示"线"（如神经元的轴突、人体体循环和肺循环的路线、昆虫的触角、鱼的侧线等）时，教鞭要沿着"线"移动。又如，在指示"面"（如家鸽的流线型躯干、人的胸腔和腹腔、人的胸大肌、蚯蚓的环带等）时，教鞭要绕着"面"划一圈。指示教具时切忌教鞭乱指乱点，以免误导学生的观察。如果教师使用的是自制 CAI 课件，则可以通过使"点"、"线"、"面"闪烁或变换颜色等方法突出出来。

5. 演示教具应该注意操作的精确性和教育性

教师的演示操作过程应该是规范化和准确无误的，也就是说，演示应该是具有示范性的，教师的一举一动都应成为学生的榜样。有的教师为了节约时间，把演示后的挂图急急忙忙地丢在地上；有的教师为了方便，在演示鱼鳍的功能时把剪下的鱼鳍丢在地上或讲台上；有的教师在演示绿叶在光下能够制造淀粉时把操作过程中的酒精废液随手倒在教室的地上等，这些做法显然都是错误的。如果教师的"榜样"就是这样马马虎虎，那么，等到学生做实验时，实验室的地上和桌上就会充满各种实验废弃物，甚至发生由此引发的各种实验事故，危害学生的身体健康。生物学作为科学课程之一，其主要教学目的之一是培养学生基本的科学素质，只有教师的演示操作一丝不苟、科学严谨，学生的科学素质才会在潜移默化中形成。在生物学教学中演示教具，除了要注意上述几点要求外，还应该注意及时配合板书、板图等，充分调动学生的各种感官，促使学生动手、动脑、动口，把看、听、嗅、触、写等结合起来，最大限度地强化信息，提高教学效果。

四、演示技能训练测评表

演示技能训练测评表

评价指标	差	一般	较好	好	权重
1. 演示挂图出现时机恰当（及时性）					0.1
2. 演示挂图前有"序言性"说明					0.05
3. 阐明了图与实物的关系					0.05
4. 能用教鞭指图，解说清楚、准确					0.075
5. 挂图中不易看清楚的细微或复杂结构，能画放大图或辅助图配合主图					0.075
6. 善于利用挂图，启发引导学生通过观察来获得知识					0.1
7. 做到语言（讲解）、文字（板书）和指图三者有效结合起来					0.1
8. 适当缩短挂图与板书的距离，不过频走动，讲解有主有从					0.05
9. 演示物（实物、模型等）足够大，直观性和典型性好					0.1
10. 演示位置恰当，光线适中（学生能看清楚）					0.05

（续上表）

评价指标	差	一般	较好	好	权重
11. 演示准确，形象明显，直观性好					0.1
12. 演示与讲解配合得当，善于启发引导学生观察，调动学生的积极性					0.1
13. 演示中操作示范性好					0.05

训练作业

（1）观摩优秀教师教学录像片段，并指出该教师使用了哪一类型的演示技能。

（2）在微格实验室分组进行演示技能的训练。

思考题

对照演示技能训练测评表，想一想你的演示技能有哪些方面需要提高。

项目 8　板书技能训练

训练目的

掌握教学板书的基本要求和方法及评价指标，能根据教学任务和中学生的特点把板书技能应用于教学实践。

训练内容

一、板书的概念和作用

板书是生物学教师为辅助和强化课堂教学而写在黑板或写在投影片上的

文字、符号或图形。板书是教学中书面语言的表达形式。

板书有正板书和副板书之分。正板书也叫基本板书、主板书，其特点是能体现教学目标与教学内容内在联系的重点、难点，其构成了整个课堂板书的骨架，一般保留于课堂教学的全过程。副板书又称辅助板书，其特点是能反映教学内容中有关诠释性、延伸性的信息，能提示有关零散的知识。正板书是对副板书的具体补充或辅助说明，一般随着教学进程的发展随写随擦或择要保留。

板书既是教师讲课的提纲，又是学生复习功课的提纲。一个设计合理的板书提纲能帮助学生领会和理解教师所讲课程的主要内容，又有助于学生能力的培养。因为它突出了教学重点，把教学难点有效地转化为易点，所以能收到良好的教学效果。

板书是最常用的教学手段之一。随着多媒体教学手段的广泛运用，部分教师忽视了板书的作用，其实板书的作用是多方面的。

好的板书是教学内容的浓缩。板书的内容往往是对教学内容的加工和提炼，一是理清教学内容的思路，二是将教学内容结构化，三是突出教学的重点和难点。它有助于学生记忆，便于学生理解相关内容，也便于学生记录和课后复习。

好的板书是文化艺术的熏陶，是教师教学能力的综合体现。板书所呈现出的汉字的严谨结构、美观布局等，渗透着教师的智慧、学识和教艺。板书本身就能使学生受到民族文化艺术的陶冶。

好的板书是教师榜样的引领。身教重于言教，教师漂亮的板书对学生的影响是深远的。而且在板书中，教师所展示出的规范的书写过程、认真的书写态度、丰富的人文素养等，都是丰富的教学资源，对学生所起的良好的教育和引领作用是不可忽视的。

好的板书可以弥补教师教学语言的不足，多侧面塑造教师的讲台形象，有效地引导学生。

板书技能是教师运用黑板以凝练的文字语言和图表等传递教学信息的教学行为方式。板书技能既是教师应当具备的教学基本功，又是教师必须掌握的一项基本教学技能。独具匠心的板书和板图，既有利于传授知识，突出教学重点，突破教学难点，又能发展学生的智力；既能产生情感，陶冶情操，又能影响学生形成良好的习惯；既能激发学生的学习兴趣，又能启迪学生的智慧，活跃学生的思维。人们把精心设计的板书称为形式优美、重点突出、高度概括的微型教科书。

二、课堂教学板书的基本要求

1. 教学板书应书写及时

在生物学教学课堂中，什么时候书写大标题，什么时候书写小标题，什么时候写出教学结论，什么时候应该简笔绘画等，在上课前就要有周密的安排。在上课时，教师要按照预定的步骤及时、适时地书写。例如，在上例"营养繁殖"一节的教学板书中，教师先把营养繁殖的两点意义留着不写，等到讲到相关内容时才让学生自己总结出营养繁殖的意义，再及时地补写上这两点意义，必然提高了教学效果。

2. 教学板书应字迹工整

教学板书不同于一般的文字书写，教学板书的字迹要清晰可辨，切忌乱书乱画。字迹潦草的板书可能会造成学生辨认困难、交头接耳，最终影响听课质量。教学板书写什么样的字，用什么样的词，字体形态是草书还是正楷，还应该考虑学生的年龄特征、可接受程度、知识基础等。例如，如果教师在初一生物课堂中写"二氧化碳"时将化学分子式"CO_2"作为板书，就很不妥当，因为初一的学生还没有学化学。

3. 教学板书应美观大方

课堂教学板书的美观大方主要是指板书的整体布局要美观，再适当运用彩色粉笔和简笔板图，达到引起学生的兴趣、赏心悦目的效果。

采用投影片，也可以较好地解决上述问题。教师按照备课时准备好的投影片播放程序，在播放时及时按动鼠标，各种标题、概念、名词、图形等都可以呈现在屏幕上；字体也比较美观大方和工整；通过选择板书的播映方式和呈现方式，也能使学生为之"心动"，积极地参与到教学过程中来。

当然，无论采用什么教学手段和板书方式，教师面对的都是学生，教师不可能完全在课前对可能产生的问题"料事如神"，所以，教师仍然可能需要针对课堂上出现的问题，在黑板上露一手板书，补充教学投影片的不足。板书的技能并不会因为有多媒体手段的应用而变得无"用武之地"。

三、课堂教学板书设计

生物课堂教学板书设计应遵循两个原则：一是形式为内容服务的原则；二是符合认识规律即科学性原则。教师应特别注意"主板书"的直观性、条理性、简洁性、多样性和启发性。由于中学生物的教学内容是多样化的，这就决定了教学板书的形式也是多种多样的。

目前，中学生物学教学中使用的板书提纲形式颇多，归纳起来可分为两大类，即单一式和混合式。

（一）单一式板书提纲

1. 提纲式

提纲式是指把教材内容分为一、二、三、四若干大类，又把一、二、三、四再分为（一）、（二）、（三）、（四）若干小类。这种提纲的特点是条理清楚，适用于任何教材内容；缺点是平铺直叙，不利于突出教学重点。

2. 问题式

问题式是指把教材内容归纳为若干问题，教师按所提问题的顺序进行讲授。这种提纲的特点是使学生带着"问题"去听课，易于调动学生的积极性。

3. 对比式（表格式）

对比式（表格式）是指把相关的内容进行对比，用表格的形式表现出来。这种提纲的特点是对比鲜明，求同辨异，使学生在比较中较好地掌握教材的内容。

4. 展开式

展开式是提纲式的扩大，即把教材内容分为一、二、三、四若干大类，又把一、二、三、四各分为（一）、（二）、（三）、（四）若干小类，然后再把（一）、（二）、（三）、（四）分为更小的1、2、3、4诸小类，联结成展开式。这种提纲的特点是层次多而分明，容易记忆；缺点是失于烦琐。

5. 发展式

发展式是指按事物发展的顺序来设计提纲。这种提纲的特点是体现了知识之间的关系，有利于培养发展学生的思维，适用于讲授发展、变化、进化等内容。例如，食物在人体内的消化和吸收的全过程，可用此形式（如图1）。

食物

（进食，进入口腔）

1. 牙齿切、磨，舌搅拌，食物和唾液混合

2. 部分淀粉 $\xrightarrow[\text{初步消化}]{\text{唾液淀粉酶}}$ 麦芽糖

食团

（吞咽，经食道入胃）

1. 胃的蠕动，食团与胃液混合

2. 部分蛋白质 $\xrightarrow[\text{初步消化}]{}$ 蛋白胨等

3. 吸收少量水、无机盐和酒精

食糜

（胃排空，分批进入小肠）

1. 小肠蠕动，食糜逐渐跟小肠里的消化液混合

2. 在肠液、胰液里的多种消化酶和胆汁的作用下：

   蛋白质→氨基酸（包括蛋白胨等）

   糖类→葡萄糖

   脂肪→脂肪酸＋甘油

3. 小肠绒毛吸收各种养分：

   大部分脂肪成分 $\xrightarrow{\text{毛细淋巴管}}$ 淋巴液 $\longrightarrow$ 血液循环

   水、无机盐、维生素、葡萄糖 $\xrightarrow{\text{毛细血管}}$ 血液循环

   氨基酸、小部分脂肪成分

残渣

（小肠蠕动，进入大肠）

吸收少量水、无机盐和部分维生素

食物残渣→粪便

粪便　（经肛门排出体外）

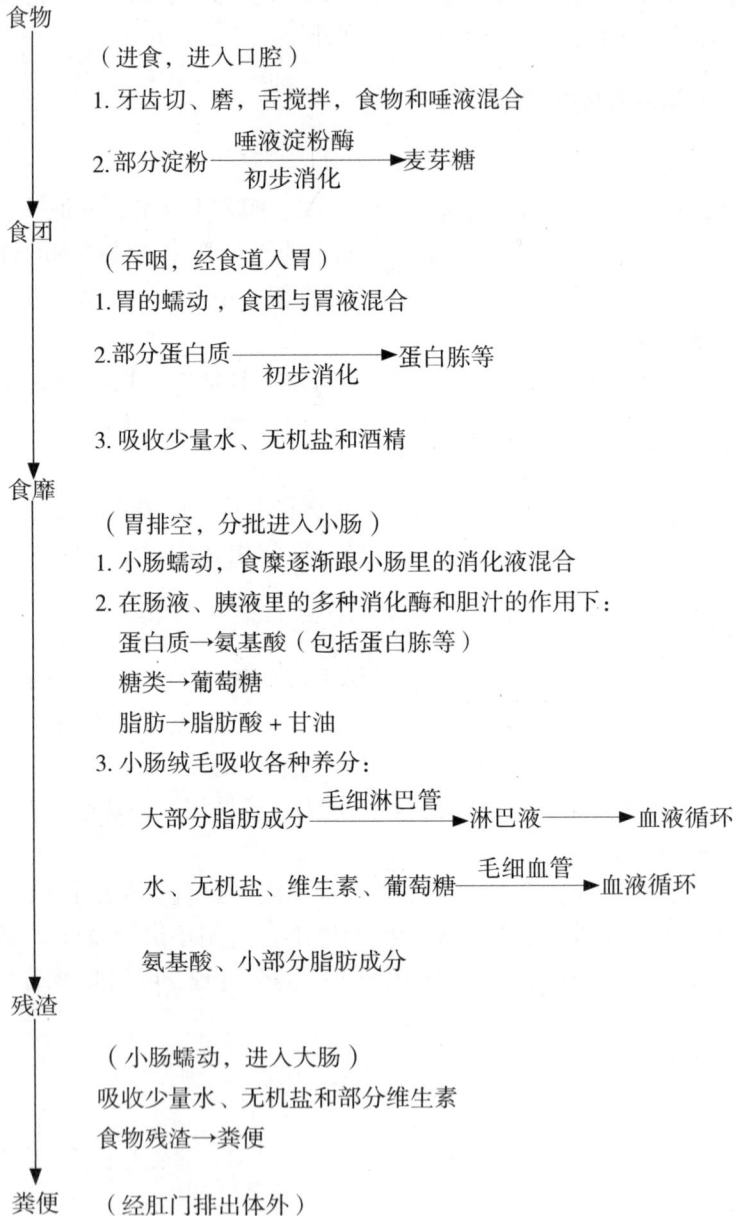

图 1　食物人体内的消化和吸收的全过程

6. 网络式

网络式是一种多次一分为众的提纲形式。这种提纲的特点是知识脉络清楚，便于记忆，适用于细胞分裂和概念展开等内容。例如，在讲"种子的成分"时可采用此形式（如图 2）。

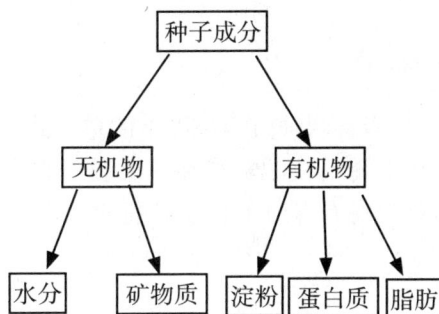

图 2　种子的成分

7. 循环式

循环式是根据事物发展具有周期性的特点来设计的提纲。这种提纲的特点是具有周期性，适用于生活史、周期性问题的讲授。例如，"蛔虫的生活史"便可用此法讲授（如图 3）。

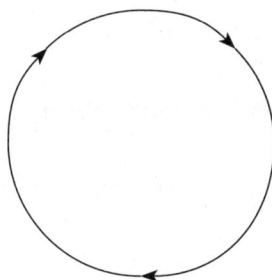

图 3　循环式

8. 图解式

图解式是指用简易图像和文字加以说明。这种提纲的特点是直观性强，教师可边讲边画边板书，给学生以"动画感"，适用于结构复杂、细微的内容。

例如，"双子叶秆物茎的结构"便可用此法讲授。

以上八种单一式板书提纲就是依据不同教材内容的性质和为了突出教学重点而设计的。不同教材内容当然要用不同的提纲形式，但同一教材内容也可用几种不同的板书提纲。究竟设计哪种提纲，则要根据学生的实际情况而慎重地加以考虑。

（二）混合式板书提纲

所谓混合式提纲，是指将两种或两种以上的单一式提纲有机地结合起来，形成更为合理、更有利于突出教学重点和解决教学难点的板书提纲。混合式提纲的设计要求教师对教材有深刻的体会，把握好教材的重点和教学上的重点，讲解要具有科学性。

四、板书设计实例

实例 1

第四节　细胞的癌变

一、癌细胞

1. 概念
2. 特征

正常细胞和癌细胞的特征对比

	正常细胞	癌细胞
遗传物质	不变	改变
增殖次数	50~60 次	无限次
形态结构	有序变化	无序变化
细胞转移	不转移	容易转移

二、致癌因子种类

三、致癌机理

致癌基因→损伤细胞中的 DNA 分子→原癌基因、抑癌基因突变→正常细

胞生长、分裂失控→变成癌细胞

四、癌症的预防与治疗

实例 2

第四节　群落的演替

一、群落演替的概念

随着时间的推移，一个群落被另一个群落代替的过程，就叫作演替。

二、演替的类型
- 初生演替
- 次生演替

三、群落演替的流程图

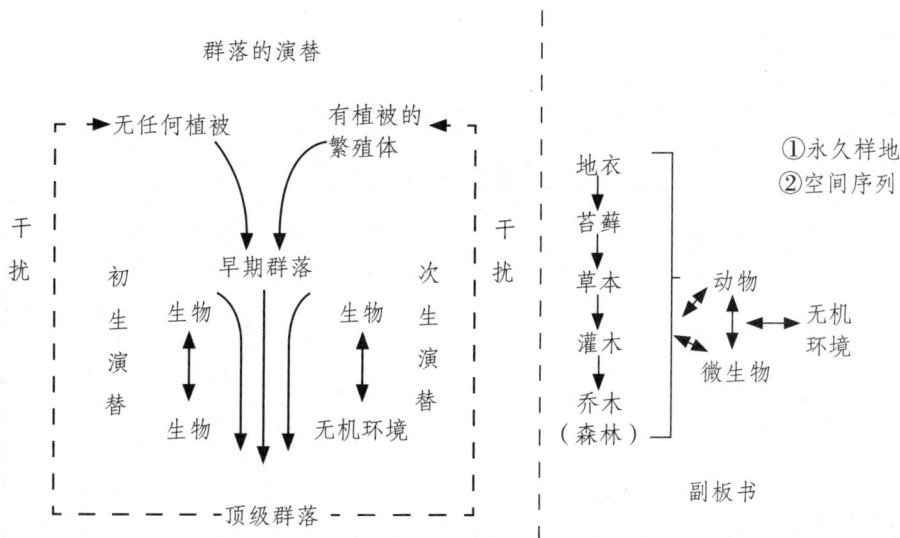

图 4　群落演替的流程图

四、人类活动对群落演替的影响

人类活动往往会使群落演替按照不同于自然演替的速度和方向进行。

五、退耕还林、还草、还湖

实例 3

第一节　细胞分化形成组织

一、细胞分化的概念

二、组织的概念

三、人及动物的基本组织

1. 上皮组织 { 扁平上皮
　　　　　　 柱状上皮
　　　　　　 立平上皮

2. 肌肉组织

3. 结缔组织

4. 神经组织

各种组织的结构特点、功能和分布的比较

组织名称	主要结构特征	主要分布位置	功能	举例
上皮组织	细胞排列紧密，细胞间质少	机体外表和衬贴在体内各种有腔器官的腔面	吸收、保护、分泌、排泄等	肠胃等腔面，皮肤表皮
结缔组织	细胞间质发达	广泛	支持、连接、营养、保护、防御、修复	脂肪、软骨、骨组织、血液
肌肉组织	主要由肌细胞构成	借肌腱附于骨骼，心和靠近心的大血管壁，内脏器官和血管壁	收缩、舒张、运动	骨骼肌、心肌、平滑肌

（续上表）

组织名称	主要结构特征	主要分布位置	功能	举例
神经组织	主要由神经细胞构成	脑、脊髓、神经	接受刺激传导冲动，整合信息	脑神经、脊髓神经

四、植物的主要组织

1. 分生组织
2. 营养组织
3. 输导组织
4. 保护组织

五、板书技能训练测评表

板书技能训练测评表

评价指标	差	一般	较好	好	权重
1. 纲举目张，条理清楚					0.1
2. 较好地反映教学目的、重点，主次分明					0.1
3. 字迹端正、规范、整洁，无错别字					0.1
4. 最后一排视力正常的学生可看清楚					0.05
5. 正、副板书位置恰当					0.05
6. 板书简明扼要，又阐明了问题					0.1
7. 较好地解决了难点					0.1
8. 图文并茂，板书有特色					0.1
9. 板画做到简、快、准，板书、板画与讲解结合恰当，有利于激发兴趣和引起思考					0.1
10. 板书内容的科学性					0.1
11. 应用了强化板书（如彩色粉笔），使重点、关键词句醒目，字句得到强化					0.1

训练作业

（1）观摩优秀教师教学录像片段，并指出该教师使用了哪一类型的板书技能。

（2）设计一堂课的板书。

（3）在微格实验室分组进行板书技能的训练。

思考题

对照板书技能训练测评表，想一想你的板书技能有哪些方面需要提高。

项目 9 结束与课堂组织技能训练

训练目的

掌握结束与课堂组织的方法及评价指标，能根据教学任务和中学生的特点把结束与课堂组织技能应用于教学实践。

训练内容

一、结束（结课）技能概述

（一）结束（结课）技能的概念

结束（结课）技能是指教师完成一项教学任务时，通过归纳总结、实践活动和转化升华等教学活动，对所教的知识或技能进行及时的系统化、巩固和应用，使新知识稳固地纳入学生的认知结构中的一类教学行为。

一堂课的成功，不仅依赖于良好的课堂教学开端和有声有色的讲课过程，课堂教学结束得是否合理和恰到好处，同样也是衡量一位教师是否圆满地完成了既定教学任务的重要标志之一。如果说引人入胜的开头是成功的一半，那么，画龙点睛的结束则会使成功得以巩固、保持。结课也是重要的教学环节。

（二）结束技能的功能

1. 总结功能

即提纲挈领，归纳概括。强调重要的事实、概念和规律，使相关知识与已有知识经验形成知识网络。

2. 桥梁功能

即承前启后，激发思维。一堂课即将结束时，教师巧妙地提出下节课将要解决的问题，使本节课在上、下课之间架起一座知识的桥梁。

3. 导航功能

即提高认识，掌握技能。引导学生总结自己的思维过程和解决问题的方法，领悟所学内容的主题、情感基调，做到情与理的统一，并使这些认识、体验转化为指导学生思想、行为的准则，使他们将所学知识内化为信念，外化为行动，促进学生智能的发展和素质的提高。

4. 反馈功能

即信息反馈，检测评价。通过精心设计有针对性的口头或书面问答、作业练习、课外思考等，使学生检查或自我检测学习的效果，进一步巩固知识，形成知识网络。这样有利于检查教师的教学效果和学生的学习情况，了解学生达成教学目标的程度，以期改进教学，使教与学相得益彰。

（三）结束技能的类型

1. 系统归纳

教师可采用启发、诱导等方法，让学生动脑动手，总结知识的规律、结构和主线，及时强化重点，突破难点。总结归纳时，可采用比较异同、概念图或列表对比等方式。

例如，在苏教版高中生物必修 1 第二章第二节"细胞中的生物大分子（核酸）"课堂教学的结束环节中，可用列表对比方式比较异同。

DNA 和 RNA 的异同

名称	脱氧核糖	核糖
简称	DNA	RNA
基本组成单位	脱氧核糖核苷酸	核糖核苷酸
磷酸	H_3PO_4	H_3PO_4
五碳糖	脱氧核糖	核糖
含氮碱基	A、G、C、T（4种）	A、G、C、U（4种）
功能	主要的遗传物质，编码、复制遗传信息，并决定蛋白质的合成	将遗传信息从 DNA 传递给蛋白质
存在的位置	主要存在于细胞核中，少量存在于线粒体和叶绿体中	存在于细胞质中

2. 巩固练习

巩固练习是指教师安排实践活动，使学生通过各种练习去理解和掌握知识要点和知识间的联系，提高运用知识解决实际问题的能力的方式。

例如，在人教版高中生物必修 2 第三章第三节"DNA 的复制"课堂教学的结束环节中，教师可让学生完成如下习题来巩固、强化新知识。

---

1. DNA 分子的复制发生在细胞有丝分裂的（　　）

A. 前期　　B. 中期　　C. 后期　　D. 间期

答案：D。

2. DNA 分子的复制是以周围游离的（　　）为原料的。

A. 脱氧核苷酸　B. 磷酸　C. 脱氧核糖　D. 含 N 碱基

答案：A。

3. 实验室里，让一个 DNA 分子（称第一代）连续复制三代，那么在第四代 DNA 分子中，有第一代 DNA 分子链的 DNA 分子占（　　）

A. 100%　B. 75%　C. 50%　D. 25%

答案：D。

4.某 DNA 分子共有 a 个碱基，其中含胞嘧啶 m 个，则该 DNA 分子复制 3 次，需要游离的胸腺嘧啶脱氧核苷酸数为（　　）

A. 7(a−m)　　B. 8（a−m）　　C. 7（1/2a−m）　　D. 8(2a−m)

答案：C。

3. 扩展延伸

扩展延伸是指在知识内容和范围上再作扩展，将课内学习延伸到课外学习、活动的结束类型。

例如，在学完"光合作用"的内容后，教师可要求学生利用课外时间，调查当地在农作物种植技术上提高光能利用效率的方法，增强学生对本内容的把握。

4. 迁移应用

迁移应用是指适当提供与教材内容或形式相仿的材料，让学生举一反三、触类旁通，实现知识向能力的转化。

（四）结束技能的应用原则

1. 目的性原则

以教学目标、内容、重点和知识结构为依据来确定"结课"的实施方式和方法。

2. 启发性原则

激发学生的学习动机，并使浓厚的兴趣得以保持。

3. 一致性原则

结课与导课脉络贯通。

4. 多样性原则

形式多样，结课方式因课型和学生类型的不同而不同。

5. 适时性原则

严格控制时间，既不可提前，也不可拖堂。

（五）结束技能训练测评表

结束技能训练测评表

评价指标	差	一般	较好	好	权重
1.巩固、结束阶段有明确的目的					0.1

（续上表）

评价指标	差	一般	较好	好	权重
2. 巩固环节安排了学生活动（如练习、提问、小实验等）	˙				0.2
3. 能及时发现和利用恰当的方法弥补学生的知识缺陷					0.2
4. 总结内容，突出课本的重点与难点					0.1
5. 有利于巩固、活化所学知识，并进一步激发学生的学习兴趣					0.2
6. 结束布置的作业及活动目的明确，且面向全体学生					0.1
7. 时间紧凑，不拖堂					0.1

二、课堂组织技能概述

（一）课堂组织技能的概念

课堂组织技能是指在课堂教学过程中，教师不断地组织学生、管理纪律、引导学习，建立和谐的教学环境，帮助学生达到预定教学目标的行为方式。这个技能的实施能使课堂教学得到有效的动态调控，与教学的顺利进行和促进学生思想、情感、智力的发展有密切的关系。组织方法得当，课堂井然有序，学生的注意力集中，教师循循善诱，必然会使课堂教学取得良好的效果。

课堂组织技能又称教学组织技能，其是课堂活动的"支点"，决定了课堂进行的方向。教师和学生都可以参与教学组织，而教师在组织行为中起到的作用，据有关资料显示占整个课堂组织行为的95%以上。组织行为贯穿于课堂教学的始终，有时可能是占课堂上的一段时间，也可能是简单的一两个字，有时也和其他教学行为同时出现。但教学组织技能必须贯穿于整个课堂教学活动的始终。

（二）课堂组织的作用

1. 组织和维持学生的注意力

中学生注意力的特点是有意注意逐渐发展，无意注意仍起主要作用，情绪易兴奋，注意力不稳定。为了有效地组织学生的学习，教师必须重视随时唤起学生的有意注意。正确地组织教学，严格地要求学生，对唤起有意注意起着重要作用。它既有利于学生有意注意习惯的养成，也有利于意志薄弱的学生借助外因的影响集中有意注意。

2. 激发学习兴趣和动机

采用多种教学组织形式是激发学生兴趣、形成学习动机的必要条件。在教学中，教师根据学科特点、知识特点和学生的年龄特点，采用不同的教学组织形式，能够调动学生学习的积极性，使他们兴趣盎然地参与到教学中。

3. 增强学生的自信心和进取心

在课堂秩序管理方面，采用不同的组织方法对学生的思想、情感等方面会产生不同的影响。比如能激发学生的积极性，促使其奋发努力，从而产生积极的效果。如果惩罚不当，就会增加他们的失败感、自卑感，挫伤他们的积极性，他们甚至会对教师产生反感。

任何学生都有自己的特点和长处。教师在组织课堂教学的时候，对于学生既要严格要求、认真管理，又要看到他们的长处并加以肯定，因势利导地进行教育。只有这样，才能逐渐增强他们的自信心和进取心，使他们克服缺点、改正错误，向好的方面发展。

4. 帮助学生建立良好的行为标准

有时中学生的行为并不一定符合学校或社会对他们的要求。这时就需要教师在讲清道理的同时，用规章制度所确立的标准来指导他们，使他们逐渐懂得什么是好的行为，为什么要有好的行为，从而形成自觉的行为，养成良好的习惯。帮助学生履行规则，实现自我管理，建立良好的行为标准，是教师在课堂上对学生进行思想教育的一个重要方面，是课堂组织的任务之一。

5. 营造良好的课堂气氛

有效的课堂组织可以营造良好的课堂气氛。而良好的课堂气氛是一种具有感染力的催人向上的教育情境，不仅能使学生受到感化和熏陶，产生情感上的共鸣，还能使学生的大脑皮层处于兴奋状态，全身心地投入学习，更好地建构知识，并掌握牢固所学知识。

（三）课堂组织的类型

根据我国的课堂组织情况，我们提出以下几种课堂组织的基本类型：

1. 管理性组织

管理性组织是指进行课堂纪律的管理。其作用是使教学能在一种有秩序的环境中进行。对于课堂纪律的衡量标准，过去和现在有着不同的看法。现在，人们主张课堂不能像过去那样令人感到压抑，教师不是独裁者，要充分发挥学生学习的积极性和主动性。课堂是学习的场所，既要使学生生动活泼地进行学习，又要有纪律作为约束。因此，教师在进行课堂管理组织的时候，既要不断地启发诱导，又要不断地纠正某些学生的不良行为，保证课堂教学的顺利进行。

（1）课堂秩序的管理。在课堂上，学生可能会出现迟到、看课外书、做其他功课、交头接耳、东张西望、吃零食等不专心学习的行为。其原因是多方面的。应如何解决这些问题呢？教师首先必须从关心、爱护学生出发，了解他们的问题，倾听他们的心声，和他们交朋友。然后对症下药，提出要求，用课堂纪律约束他们。只有这样，他们才能心悦诚服地听从教师的指导。请比较下面两段对话。

对话一：

教师：陈敏，今天你怎么迟到了？

陈敏：老师，我走到半路时自行车坏了，我是推车跑到学校的。

教师：你为了遵守校规，维护班集体的荣誉，推车跑到学校很好，但以后要注意早一点从家里出来，防止意外事故。

陈敏：是，记住了。

教师：请坐下安心学习。

对话二：

教师：张强，你不知道在课堂上看课外书是违反学校纪律的吗？快点收起来！

张强：对不起，老师。我不知道，下次不会了。

教师：废话！昨天王小明看课外书时，我已经说得十分清楚了，难道你没听见吗？

张强：但您没惩罚他呀。

教师：以后不要在课堂上看课外书，谁再这样做，就是自找麻烦。

在"对话一"中，教师用关心和询问的方式来了解学生迟到的原因，对"推车跑步"上学的精神给予表扬，并提出防止因意外事故而迟到的建议。教师这样能做到较好地解决迟到问题。而在"对话二"中，教师管理课堂上看课外书的做法就显得生硬，没有从爱护学生的角度出发去管理课堂秩序。这样做不能使学生心服口服。可见，教师在管理课堂秩序时采用的方法不同，管理效果就截然不同。

对于处理一般课堂秩序问题，教师可用暗示的方法。如用目光暗示，或在暗示的同时配合语言提示："个别同学刚才恐怕没听见我说的话吧。"在这种暗示还不能起作用的时候，教师可边讲解边走向不专心的学生，停留在他的身旁，或拍拍他的肩膀，以非语言行为暗示或提示，不影响其他学生的学习。也就是说，当个别学生注意力不集中而又没有影响到其他同学时，教师不宜停下来公开批评学生。

（2）个别学生问题的管理。无论课堂规则制定得多么切合实际，教师多么苦口婆心地进行诱导、教育，个别学生还是会出现一些问题。对此，教师应当营造一种互相信任、自然、亲切的气氛，在没有暴力、厌恶的情况下，对他们施加教育影响。对于个别学生的问题，教师可使用以下三种方法：

①做出安排，使他们不能从不良行为中得到奖赏，从而自行停止不良行为。当个别学生在课堂上出现不良行为时，只要不影响大局，不会对他周围的同学造成大的干扰，教师可不予理睬。在可能的情况下，教师可安排其他学生进行一些有益的活动，抵消他的干扰，如引导学生观察挂图、标本、模型等来吸引学生的注意。

②奖励与替换行为。教师为有不良行为的学生提供一种合乎需要的替换行为，这种行为会给他带来一定的奖赏。例如，有的学生在课堂讨论时总喜欢打闹，影响讨论的正常进行。教师可指定他专门思考一个讨论要点，在小组讨论中发言，或做小组记录等。如果他在小组发言中表现较好，可给予表扬和鼓励。这样能使个别学生在不良行为和替换行为之间做出选择，从替换行为中得到心理上的满足。为了取得预期效果，对替换行为的奖赏必须是强有力的，足以抵消不正当行为，促使其选择替换行为。

③教育与纪律约束相结合。对于一些消极的、严重影响课堂纪律的行为，适当执行纪律约束是有必要的。但是对个别学生执行纪律约束不是目的，而是一种教育的手段，是为了能够矫正他们的不良行为。

（3）非正式团体的管理。部分学生会因为兴趣爱好相似而组成一个个小团体，因为这样的小团体并不像班级、小组那样的正式团体，在此称为非正式团体。有时候，非正式团体的行为与学校要求是不一致的，如果这样的团体中再出现几个"刺儿头"，就会非常难以管理，使课堂教学不能顺利进行，让教师大伤脑筋。对于这样的情况，任课教师应该与班主任积极配合，共同努力。一方面，教师要全面了解学生情况，耐心做好学生的思想工作，避免简单粗暴的批评、指责的消极处理方式；另一方面，教师可根据他们的兴趣、爱好、特长、可培养的潜能，给他们布置一定量的任务（如课外实验、课堂实验的准备工作、小调查等）让其完成，指定由"刺儿头"负责，再给予一定的指导，保证任务顺利完成。这样能让学生在实践中体会到成就感和学习的重要性，逐渐改正不足。

2. 指导性组织

教师用学导法指导教学活动，调动每一位学生的学习积极性，指导学生参与教学活动的过程，就是组织课堂教学活动的过程。

（1）阅读、观察和实验等的指导组织。在学生进行阅读、观察和实验等学习活动时，教师的指导组织工作就是保障安全（实验）、纪律和进度，使全班学生都能够按照预定的学习目标进行学习活动。

（2）课堂讨论的指导组织。课堂讨论在生物教学中虽是一种很好的方法，但若组织不好，往往会收到适得其反的效果，导致课堂杂乱无序。因此，有效组织课堂讨论是非常重要的。要使课堂讨论的组织管理有序，就必须注意学生对所讨论话题的兴趣和动机、教学管理和方法等问题，下面就这些问题举例说明。

①精心进行讨论题的设计。课堂讨论通常情况下只安排几分钟或十几分钟，这几分钟或十几分钟成效如何，很大程度上取决于讨论内容的选择，因此教师在组织课堂讨论之前，必须精心进行讨论题的设计。

首先，在组织讨论之前，教师必须悉心研究教材，明确本节课的知识目标，把握教材的重点、难点，越是教材的核心问题，越要让学生去主动学习。特别是生物中的一些概念，光靠教师的讲解和简单的下定义，学生不但印象不深，而且对概念的认识也较肤浅。例如，在"绿色植物通过光合作用制造有机物"一节中，光合作用的概念是这节课的重点、难点知识。教师若直接问"什么是光合作用"，然后让学生自学讨论，学生就会因知识太笼统而难以理解，对概念的认识也较肤浅。若能放手让学生自主探究绿叶在光照下制造有机物的实验，然后讨论：绿色植物是怎样制造有机物的？它们制造的有机物主要是什么？光照是绿叶制造有机物不可缺少的条件吗？接着归纳光合作用的场所、条件、物质转换和能量转化的特点等，就能深入挖掘其中的内涵，对其概念的理解更加透彻，掌握也更加牢固。

其次，教师要悉心研究学生，从学生的认知规律考虑，对学生已有的知识储备与能力有充分的了解，把握学生的最近发展区，这样才能有效地设定学生发展的目的，确定引导学生实现发展的措施。例如，在进行"血液循环的途径"这部分知识的教学时，教师可出示血液循环模式图，让学生在自学的基础上，讨论并说出体循环和肺循环的基本途径以及血液成分的变化，相当一部分同学一片茫然，随意乱猜，这主要是由于学生对前面已学的心脏的结构等知识有所遗忘，因此不能达到在讨论中交流、在交流中升华的目的。针对这种情况，教师应在新课之前设计对相关知识如心脏的结构等的复习，使学生具备一定的知识储备。因此，每一个讨论题的提出，教师应该给予学生足够的背景知识，既要切合学生的认知水平，又要积极有效地创设问题情境，培养学生的兴趣，激发学生的内部动机，使学生成为课堂的主人，即要正确引导讨论的兴趣和动机。

最后，讨论题的设计要有一定的价值，要把握一定的难度和梯度。教师应根据教材内容和学生的知识水平设计讨论题，讨论题要面向全体学生，问题要有一定的层次性，使每一个学生都能参与到教学活动中，发挥其潜能，从而培养学生的各种能力。例如，在引导学生解读植物的光合作用及呼吸作用的图解后，教师可出示以下问题：你能比较光合作用和呼吸作用的异同点吗？它们的实质和关系如何？如何才能提高农作物的总产量？如果给你一个大棚种植农作物，你将怎么做？这样的问题不至于使学生"坐在地上摘桃子"或"搭梯子也摘不到桃子"，而能够让学生"跳起来摘桃子"。对于前两个问题，学生进行讨论后能很快达成共识，而对于后两个问题，学生的答案则五花八门。有的说农作物增产要延长光照时间，加大光照强度，增加二氧化碳含量，松土、施肥；有的说可以合理密植，间种套作；还有的说要生物除虫，保护环境。关于大棚种植问题，有的学生提出要从低成本、高效益想办法；有的提出向大棚内充氮气或减少氧气量能削弱呼吸作用，提高农作物产量。这样具有一定层次、难度的问题的讨论能有效地引导学生的思维活动由浅到深发展，有利于培养学生分析问题、解决问题，归纳、演绎、初步创新等能力，有效地实现能力目标。

②合理选择讨论的形式。课堂讨论的形式是多种多样的，如小组讨论、集体讨论、辩论讨论、分析讨论等。教师可根据不同的讨论话题，选择合适的讨论形式。但不管采用哪种形式，教师都要精心设计、组织，才能充分发挥讨论的作用。其中，小组讨论运用较多时，教师可以将表达能力较弱的学生作适当搭配，一般的话题以2~4人为一组的小组讨论为宜。对于一些难度较大的话题，可以4~6人或更多人为一组。多人小组中可设立主持人和记录员，以提高讨论效率。如果一些话题有两种相反意见并争执不下，教师可以

重新组织辩论式讨论。如果条件许可，按人数将桌子围成圈则最好，这样更能营造宽松、和谐的讨论氛围。

（3）重视教师的调控作用。在学生讨论的时候，教师应该在教室里巡视走动，一方面要充分启发学生独立思考，了解是不是全体同学都积极参与，鼓励他们各抒己见。对于静坐无言的学生，教师可鼓励并激发其表达的欲望，想方设法调动其积极性，力求让全体学生的生物科学素养得到充分的发展。另一方面，要关注学生集中讨论的热点和普遍疑惑的问题，关注课堂生成性的材料，以便在反馈时更有针对性，从而有效提高讨论效果。

（4）采用合适的结果呈现方式。讨论结果呈现的方式有很多，如：小组派代表口头陈述观点；展示手工模型；以某一小组为中心，其他组作补充修改等。结果呈现无须模式化，以充分调动学生的积极性、扩大参与度、面向全体学生为宜。例如，在采用小组代表陈述观点的方法时，教师要在巡视的过程中注意各小组的不同意见，并从中选择几个有代表性的组来表述，再进行比较并归纳出结论。例如，在学习人教版高中生物必修1第四章第二节"生物膜的流动镶嵌模型"时，了解了生物膜的构成成分等知识后，教师可让学生在分组讨论后将模型示意图画出来，教师挑选出不相同的几组，利用幻灯等教具在全体同学前呈现，再进行分析比较。为了让更多的学生的讨论能有效进行，教师可以要求学生把讨论结果以书面形式记录并上交，然后由教师进行评价。值得深思的是，当学生的讨论结果不一致时，教师不能满足于得出唯一答案，即不要把学生的讨论引向自己所期望的统一结论，因为这样的做法往往会打击学生的积极性，扼杀他们活跃的思维。学生讨论的结果可以在教师可预见的范围内，也可以是学生的独特思路，从而生成一些不可预知的资源。当然，处理好这些资源需要教师的教学机智。把学生的讨论结果作为教学资源，将随时生成的资源用于课堂教学，这会更有利于学生关心自己的观点怎样被评价。对于有偏差的讨论结果，学生会产生强烈的求知欲，希望通过进一步学习来解决。

总之，新型的学习方式需要合作，而合作则需要有效的讨论和交流。有效讨论各环节的安排要遵循教学过程和学生学习的认知规律，教师必须悉心研究教材、研究学生，讨论题的设计要围绕新课程的三维目标的落实，讨论的组织要科学、合理、深入，借助讨论让学生全面深入地参与到教学活动中，使生物课堂教学真正实现"着眼于学生的发展"。

3. 诱导性组织

诱导性组织是指在教学过程中，教师用充满感情、亲切、热情的语言引导、鼓励学生参与教学过程，用生动有趣、富有启发性的语言引导学生积极思考，从而使学生顺利完成学习任务。其方式有：

（1）亲切热情鼓励。这种组织方式既适用于成绩较好的学生，更适用于成绩较差或不善于表达思想的学生。比如教师在让学生回答问题时，后两类学生一般都比较紧张。这时教师应该用亲切柔和的语调告诉他们："不要紧张，错了没关系。"当学生回答得不准确或词不达意时，教师应首先肯定他们的优点及正确的答案，然后鼓励说："我知道你心里明白，就是表达不好。"接着给予适当的指导，使他们能较好地表达自己的思想。当他们正确地回答了问题时，教师应该用高兴的语气给予表扬，鼓励他们继续进步。在教师亲切热情的诱导下，学生会乐于接受教师的指导，顺利完成学习任务。

（2）设疑点善激发。激发学生产生疑问，引起学习的欲望，是调动学习积极性、深入思考问题的一种好办法。教师除了通过提问激发学生学习的积极性之外，还要启发诱导学生掌握科学的思维方法。

（四）课堂组织的原则

根据中学生心理发展的特点及课堂教学任务的要求，教师要使课堂形成融洽的气氛，培养学生良好的品质和习惯，就应注意以下几项基本原则：

1. 明确目的，教书育人

育人是课堂教学的重要任务。通过教学组织，使学生明确学习目的，热爱科学知识，形成良好的行为习惯，是教学组织技能的特有功能。在生物教学中，在传授科学知识时对学生进行学习目的等思想教育，最有吸引力和说服力。同时，教师严谨的治学态度、精湛的教学艺术、高度的责任感，对学生都有言传身教、潜移默化的作用。这不仅会影响到学生的学习态度，而且会影响到他们的纪律行为。

2. 了解学生，尊重学生

每个学生都有自己的兴趣、爱好和个性特点。在课堂上，教师应根据每个学生的不同特点，提出不同的要求，用不同的方法进行教育和管理。在对学生进行管理的时候，教师要尊重他们的人格，坚持正面教育，以表扬为主，激发积极因素，克服消极因素。

3. 重视集体，形成风气

集体的舆论是有威力的。良好的课堂风气一旦形成，可使学生在集体中受到熏陶和教育。集体的精神世界和个体的精神世界是相互影响的。教师应让每个学生都能从集体中汲取有益的东西，从集体中得到关心和帮助，在集体的推动下不断进步。每个人丰富多彩的精神世界又使得集体变得生动活泼，显示出无限的生机。

4. 灵活应变，因势利导

"灵活应变，因势利导"一般被称为教育的机智。教育机智是指教师对学生活动的敏感性，以及能对学生所发生的意外情况快速地做出反应，及时采用恰当的措施。其主要体现在机敏的应变能力，因势利导地处理问题，把不利于课堂的学生行为引导到有益学生或集体活动方面，恰到好处地处理个别问题。

5. 不焦不躁，沉着冷静

遇事不焦不躁是教师的一种心理品质。它是以对学生的喜爱、尊重与理解及高度的责任感为基础的。只有这样，教师才能公正地对待每一个学生，尊重和维护学生的自尊心，耐心地引导他们进行学习，才能处理好所面临的各种复杂的、棘手的问题。

（五）课堂组织技能训练测评表

课堂组织技能训练测评表

评价指标	差	一般	较好	好	权重
1. 上课能面向全体学生，善于用目光、语言组织教学，效果好					0.2
2. 目光暗示与语言配合，组织学生进入某种教学状态					0.1
3. 及时运用学生反馈的信息，调整、控制好教学					0.1
4. 不断变换教学方式，使学生始终处于积极的学习状态					0.1
5. 运用恰当的方法，使不同层次、不同水平的学生积极听课					0.1
6. 善于处理课堂内违纪等不利于教学的事件，懂得处理少数与多数、个别与一般学生的策略，方法恰当					0.2
7. 教学进程自然、活跃，师生能相互合作					0.2

训练作业

（1）观摩优秀教师教学关于结课的录像片段，并指出该教师使用了哪一类型的结束技能。

（2）设计一堂课的结尾，设计时注意：

①是否概括了本节的知识结构与重点；

②是否有明确的目的，并强化学生对所学内容的兴趣；

③是否使学生在知识技能、过程方法和情感态度与价值观等方面都有所提高。

（3）观摩优秀教师课堂教学录像，分析指出该教师在教学的哪些环节使用了哪一类型的课堂组织技能。

（4）在微格实验室分组进行结束和课堂组织技能的训练。

思考题

对照结束和课堂组织技能训练测评表，想一想你的结束和课堂组织技能有哪些方面需要提高。

模块4 生物学微格教学训练评价

通过自评与互评的方式，准确评价每位学生的各项教学技能水平。发挥评价的调控作用，促进各项教学技能水平的提高。

评价内容和方法

一、十大教学技能训练效果评价

十大教学技能训练效果评价内容为师范院校生物专业本科生十大教学技能训练效果互评表。评价方法是按照十大教学技能训练效果互评表，分别在微格教学训练的初期、中期和后期三个阶段，通过自评与互评的方式，准确评价每位学生的各项教学技能水平，发挥评价的调控作用，促进各项教学技能水平的提高。

十大教学技能训练效果互评表

微格训练小组_____ 日期_____ 评价人_____

被评价人_____ 评价阶段_____

请您在试教教学技能训练后对以下各项评价，在恰当等级画√。

	评价指标	差	一般	较好	好	权重
I 导入技能	1. 能面向全体学生					0.1
	2. 能激发学生学习的兴趣和积极性					0.2
	3. 与新旧知识联系紧密，承上启下，目的明确					0.15

（续上表）

	评价指标	差	一般	较好	好	权重
Ⅰ导入技能	4. 导入自然，衔接得当					0.15
	5. 语言表达清晰、生动，情感充沛					0.1
	6. 导入时间掌握得当、紧凑					0.1
	7. 确实将学生引入学习的情境中					0.2
Ⅱ教学语言技能	1. 普通话的标准程度					0.1
	2. 吐字清楚，音量、语速和节奏恰当					0.1
	3. 语言通顺、连贯，语调有起有伏					0.1
	4. 语言所表达的教学内容准确、规范，条理性好，并能促进学生理解					0.2
	5. 语言富含感情，有激励作用					0.1
	6. 语言简明，主次分明，但该重复的有恰当的重复					0.1
	7. 语言有启发性、应变性					0.1
	8. 使用神态语言，目光、表情、动作姿势恰当并能起强化作用					0.1
	9. 运用语言与学生互动，学生学习积极性高					0.1
Ⅲ讲解技能	1. 达到教学目的，实现教学目标要求					0.1
	2. 讲解能突出重点，讲解好难点					0.1
	3. 为了解重点、难点提供了丰富而直观的感性材料，合理组合运用了各种教具					0.1
	4. 逻辑性强或使用类比，讲解条理清楚					0.05

（续上表）

评价指标		差	一般	较好	好	权重
Ⅲ 讲解技能	5. 注意理论联系实际					0.1
	6. 加强启发、诱导，讲解生动活泼					0.1
	7. 讲解符合科学性，用词确切，避免"口头语"，重点关键字词强调得当					0.1
	8. 运用了提问，谈话与学生呼应，课堂气氛活跃					0.1
	9. 讲解声音洪亮，注意随感情变化有起有伏，速度恰当					0.05
	10. 讲解灵活多变，不死记教案，并能面向全体学生讲课					0.05
	11. 注意分析学生反应，帮助学生深化、巩固所讲内容					0.05
	12. 讲解能调动学生学习的积极性，有利于培养学生的思维、推理能力，即有利于培养学生的生物学能力和发展学生的智力					0.05
	13. 各项知识点讲授时间分配恰当					0.05
Ⅳ 提问技能	1. 问题内容明确，重点突出					0.1
	2. 联系旧知识，解决新问题					0.1
	3. 问题设计包括多种水平，举一反三，触类旁通					0.1
	4. 把握好提问时机，促进学生思考					0.1
	5. 表述问题清晰流畅，引入界限明确					0.05
	6. 提问后适当停顿，给予思考时间					0.1
	7. 提示适当，帮助学生思考					0.1
	8. 认真听取学生的答案，及时掌握其他学生对答案的判断反应					0.1

（续上表）

	评价指标	差	一般	较好	好	权重
Ⅳ 提问技能	9. 确认、分析答案并做出评价，及时纠正不足，使学生明确					0.1
	10. 提问面广，照顾到各类学生，调动学习积极性					0.1
	11. 对学生给予鼓励，批评适时恰当					0.05
Ⅴ 变化技能	1. 音量、语调变化恰当					0.1
	2. 声音的速度、缓急和停顿恰当					0.1
	3. 强调恰当					0.05
	4. 面部表情变化恰当，教态自然					0.1
	5. 手势、头部动作变化恰当					0.1
	6. 目光接触变化恰当，接触学生恰当					0.05
	7. 身体移动适当、自然					0.1
	8. 运用教学方法和教学媒体的变化					0.1
	9. 触觉、操作活动使学生有动手机会					0.1
	10. 教学重点、关键处强调恰当					0.1
	11. 师生相互配合					0.1
Ⅵ 强化技能	1. 对学生的反应能及时给予强化					0.1
	2. 强化方法符合学生的表现					0.1
	3. 以正面强化为主，不用惩罚方法					0.08
	4. 运用微笑、手势、目视、鼓掌、点头或摇头、接近或接触等恰当、自然					0.12
	5. 教学重点、关键处标志强化恰当					0.1
	6. 鼓励基础较弱的学生的微小进步					0.08

（续上表）

评价指标		差	一般	较好	好	权重
VI 强化技能	7. 运用教学媒体的变化或变换活动等的强化					0.12
	8. 能随时注意获得教学反馈信息					0.1
	9. 能利用反馈信息调节教学活动					0.1
	10. 强化方法符合学生的年龄特征					0.1
VII 演示技能	1. 演示挂图出行时机恰当（及时性）					0.1
	2. 演示挂图前有"序言性"说明					0.05
	3. 阐明了图与实物的关系					0.05
	4. 能用教鞭指图，解说清楚、准确					0.075
	5. 挂图中不易看清楚的细微或复杂结构，能画放大图或辅助图配合主图					0.075
	6. 善于利用挂图，启发引导学生通过观察来获得知识					0.1
	7. 做到语言（讲解）、文字（板书）和指图三者有效结合起来					0.1
	8. 适当缩短挂图与板书的距离，不过频走动，讲解有主有从					0.05
	9. 演示物（实物、模型等）足够大，直观性和典型性好					0.1
	10. 演示位置恰当，光线适中（学生能看清楚）					0.05
	11. 演示准确，形象明显，直观性好					0.1
	12. 演示与讲解配合得当，善于启发引导学生观察，调动学生的积极性					0.1
	13. 演示中操作示范性好					0.05

（续上表）

	评价指标	差	一般	较好	好	权重
Ⅷ板书技能	1. 纲举目张，条理清晰					0.1
	2. 较好地反映教学目的、重点，主次分明					0.1
	3. 字迹端正、规范、整洁，无错别字					0.1
	4. 最后一排视力正常的学生可看清楚					0.05
	5. 正、副板书位置恰当					0.05
	6. 板书简明扼要，又阐明了问题					0.1
	7. 较好地解决了难点					0.1
	8. 图文并茂，板书有特色					0.1
	9. 板画做到简、快、准，板书、板画与讲解结合恰当，有利于激发兴趣和引起思考					0.1
	10. 板书内容的科学性					0.1
	11. 应用了强化板书（如彩色粉笔），使重点、关键词句醒目，字句得到强化					0.1
Ⅸ结束技能	1. 巩固、结束阶段有明确的目的					0.1
	2. 巩固环节安排了学生活动（如练习、提问、小实验等）					0.2
	3. 能及时发现和利用恰当的方法弥补学生的知识缺陷					0.2
	4. 总结内容，突出课本的重点与难点					0.1
	5. 有利于巩固、活化所学知识，并进一步激发学生的学习兴趣					0.2
	6. 结束布置的作业及活动目的明确，且面向全体学生					0.1
	7. 时间紧凑，不拖堂					0.1

（续上表）

评价指标		差	一般	较好	好	权重
X课堂组织技能	1. 上课能面向全体学生，善于用目光、语言组织教学，效果好					0.2
	2. 目光暗示与语言配合，组织学生进入某种教学状态					0.1
	3. 及时运用学生反馈的信息，调整、控制好教学					0.1
	4. 不断变换教学方式，使学生始终处于积极的学习状态					0.1
	5. 运用恰当的方法，使不同层次、不同水平的学生积极听课					0.1
	6. 善于处理课堂内违纪等不利于教学的事件，懂得处理少数与多数、个别与一般学生的策略，方法恰当					0.2
	7. 教学进程自然、活跃，师生能相互合作					0.2

二、生物学教学技能模拟授课评价

生物学教学技能模拟授课评价内容为生物学教学技能模拟授课评分表。评价方法是按照生物学教学技能模拟授课评分表，分别在生物学教学技能模拟授课的初期、中期和后期三个阶段，通过自评、互评和指导教师评价的方式，尽可能准确地评价每位学生的模拟授课水平，发挥评价的调控作用，促进模拟授课水平的提高。

生物学教学技能模拟授课评分表

微格训练小组 _____ 日期_____ 评价人_____

被评价人_____ 评价阶段_____

评价内容	评价指标	分值	得分
教学内容 （5分）	1. 善于把握生物课程标准，注重通过灵活地整合教学内容进行教学	1分	
	2. 讲授内容具有逻辑性	1分	
	3. 体现学科思想和价值	1分	
	4. 教学重点突出，注意利用学生已有知识经验进行知识建构，突破难点	2分	
教学过程 （15分）	1. 善于指导学生的学习，围绕重点问题和难点问题引导学生积极探究	2分	
	2. 教学中注重创设教学情境，师生互动默契，课堂气氛活跃、有序	2分	
	3. 教学方法运用合理，教具运用恰到好处	2分	
	4. 展现以学生为主体的教学理念，学生有效参与课堂学习，体现动脑与动手相结合	2分	
	5. 教学具有启发性、形象性和生动性	2分	
	6. 讲解逻辑严密、思路清晰、知识准确	3分	
	7. 灵活处理教学事件，体现教学智慧	2分	
教学技能 （15分）	1. 教学演示（或实验演示）规范、熟练	3分	
	2. 板书、板图和课件设计合理、科学、美观	3分	
	3. 提问富有启发性，问题分析准确、全面	3分	
	4. 使用普通话，语言生动清晰，表达准确，简洁易懂，语速适宜	3分	
	5. 有效控制时间，能灵活运用课堂活动组织的技巧	3分	

（续上表）

评价内容	评价指标	分值	得分
教学创新 （5分）	1. 内容创新：教学情境创设独特，教学内容理解独特	2分	
	2. 手段创新：实验手段设计效果显著，教具、多媒体课件设计、现代教育技术应用等有创意	2分	
	3. 形式创新：课堂教学活动组织、实施、过程评价有特色，互动性强，学法指导恰当等	1分	
教学效果 （5分）	1. 教学目标基本达成	3分	
	2. 促进了学生在知识、思维、方法、技能、情感态度与价值观等多方面全面发展	2分	
综合表现 （5分）	1. 着装整洁得体，教态自然大方，有自信心，亲和力强	1分	
	2. 科学、人文素养水平高，体现生物学科思想和价值	1分	
	3. 思维敏捷、灵活，逻辑性强	1分	
	4. 在课堂教学中能够体现课改新理念、新方法	1分	
	5. 具有职业精神，体现学生的主体性，教书育人	1分	
得分合计			

评价要点：

评价人签名：
年　　月　　日

模块 5　微格教学"常见病"分析及其矫正

项目 1　微格教学训练中常见问题分析及其矫正

训练目的

认识微格教学训练中常见的问题及产生的原因，能根据教学实际自觉运用解决问题的对策。

训练内容

一、微格教学训练中常见的问题

1. 忽视单项技能训练

微格教学的突出特点是将复杂的教学行为细分为容易掌握的十个单项技能，如导入技能、教学语言技能、讲解技能、提问技能、变化技能、强化技能、演示技能、板书技能、结束与课堂组织技能等，并规定每一项技能都必须是可描述、可观察和可培训的，能逐项进行分析研究和训练，且训练目标明确。但在实际的微格教学训练中，学生往往并没有进行单一的教学技能训练，只是进行 8~10 分钟的教学片段。

2. 微格教学中反馈不及时

微格教学的特点是真实而准确地记录了教学的全过程。受训学生的教学技能应用的优劣，可直接从记录中进行观察。受训学生得到的反馈信息不仅来自指导教师和听课的同学，更为重要的是来自自己的教学信息，学生可以全面地看到本人上课的全过程，从而产生"镜像效应"。要实现这一效果，首先就要保证反馈的及时，当面给受训学生指出教学中存在的问题。而在实践中，不少教师让学生拷贝训练录像自己看，没有及时重放录像进行点评和组织学生之间的互评，没有及时提供示范指导；学生的扮演者不能积极主动地参与教学活动并及时提出反馈意见。这样学生往往很难发现自己在教学中存在的问题或不良的习惯性动作，即使发现也没有及时重放录像反馈留下的印象深刻。

3. 微格教学中忽视重教

重教是微格教学过程中非常重要的一环。根据小组评价的结果，受训学生针对存在的问题和不足对微格教案进行修改，然后进行重教。重教既是一个教学改进和完善的过程，也是对指导意见进行检验的过程。没有重教这一步骤，就不能算是微格教学。而在实践中，有的指导教师并没有让学生就同一技能和内容进行反复训练，训练内容和技能评价指标也没有做出统一要求。这样学生每次试讲的内容都不一样，上次存在的问题下次试讲的时候往往还是存在，因而技能训练效果并不理想。

4. 微格教学教案不规范

按一般微格课堂教学的要求，微格教学教案设计应包括教学目标、教师教学行为、学生行为、体现的教学技能要素、教学媒体以及时间分配。很多学生制定的微格教学目标不具体、不明确，不能恰当使用行为动词阐述教学目标。有的学生没有在教案中写清楚教师在授课过程中的提问、讲解、演示、板书等教学行为，导致教学中随意扩大或缩小预定的行为范围。在微格教学教案中，学生的行为是教师备课中预想的学生行为。在备课中，预想学生行为是非常重要的，因为很多教师备课往往一厢情愿，只顾自己讲课，不注重对学生的组织与反应，结果在实际课堂教学中常出现冷场或偏离教学目标等现象，使得课堂教学失去控制。同时，很多受训学生的微格教学教案中教学技能要素表述不具体、不准确。很多受训学生在编写教案时不能准确写出重点展示（培训）的技能类型，致使微格教学技能训练目标不突出。许多受训学生不会写教学设计思路说明，而指导教师又缺乏具体指导或修改，因而造成设计思路表达不清楚。

5. 教学设计缺乏创新性

微格教学设计要求具有教学创新性。目前，受训学生的微格教学设计仍停留在模仿阶段，很少具有创新性。教学设计缺乏创新性表现在：①内容缺乏创新。对教学内容的理解和组织安排没有独特之处，不能创设独特的教学情境。②手段缺乏创新。实验手段设计效果不显著，教具制作、多媒体课件设计和组合运用等没有创意。③形式缺乏创新。课堂教学活动组织、实施和评价等没有特色。

二、常见问题原因分析

首先，没有吃透微格教学的原理，并没有认识到微格教学是一种以系统的思想为指导来研究培训教学技能的模式。教学技能是教学系统的基本构成要素，要使课堂教学达到优化，首先就要使每一项教学技能达到优化，然后再把它们有机组合起来，相互作用而形成教学的整体。在微格教学中，为达到优化教学的目的，就需要对教师的教学行为进行分析并确定为不同的教学技能，然后分别进行学习和训练。当每一个技能都掌握以后，再把它们组合起来，形成教师的整体教学能力。然而，很多师生只是认识了微格教学的外在形式，缺乏对其本质思想的认识，从而导致了实践过程中的偏差。

其次，忽视微格教学的理论学习。微格教学通常包括事先的学习和研究、确定培训技能、编写教案、提供示范、微格教学实践几个环节。很多师生忽视了微格教学的第一个环节，即"事先的学习和研究"。在进行微格教学训练前对教学理论的学习和研究是非常有必要的。在实施模拟教学之前，应学习有关现代教育理论、微格教学的基本理论、教学目标分类、教学技能分类及教学设计等内容，通过理论学习，形成一定的认知结构，这样有利于以后观察学习内容的同化与顺应，促进学习的迁移。正是由于忽视了理论的学习与研究，很多学生在实践中出现了未分技能训练及反馈不及时等问题。

再次，忽略了观摩微格教学示范片或进行现场示范。在学生进行微格教学前，指导教师需提供具有"范例性"、"可模仿性"的教学示范片或教师现场示范。在观摩微格教学示范片的过程中，教师应根据实际情况给予必要的提示、指导，需要强调的内容可以用暂停、重放等方式进一步说明。在观摩微格教学示范片或教师的现场示范后，还要组织学生进行课堂讨论，分析示范教学的成功之处及存在的问题，为编写教案做好准备。如果学生缺乏教学观摩，缺乏直接的感性认识，就不能很好地理解微格教学的要求。

同时，还存在一些客观原因。例如大学里师生比严重失调，面对大量需要进行微格教学的学生，各学院仅仅靠专门从事学科教学论教学的教师是不够的，还需要其他教研室的教师对学生进行指导。而这些教师常常缺乏与教育学相关的理论知识，教学技能也有待提高，并且不了解中学教育教学的发展规律，还是按照传统的方式进行指导，从而影响微格教学训练效果。又如很多学校虽然建立了微格教室，但是相对众多需要训练的学生，这些资源显得十分有限，微格实验室还需从数量和质量上进一步完善。

三、解决问题的对策

1. 加强师生微格教学前的培训学习

在进行微格教学之前，应首先对微格教学指导教师进行集中培训。让指导教师认识到，虽然微格教学是一种创设的练习情境，但它是真实的教学，有关教学的一切因素都能在微格教学中找到。微格教学强调摄像的重要性，认为录像能提供最直接、最直观的反馈信息，这是微格教学最主要的特点和优势。同时，微格教学也强调指导教师在指导过程中要突出重点，要根据培训者的实际情况，特别是针对其改进的可能性提供反馈意见和示范指导。其次，组织参加微格教学训练的学生学习微格教学目标分类、教学技能分类及教学设计等内容，能帮助他们更好地认识微格教学的要求，从而在实践中更好地实施。

2. 指导教师要在训练中提供示范

要让学生真正掌握微格教学的具体实施方法，指导教师一定要重视在微格教学中提供示范，组织学生观摩学习。通常的做法是教师利用录像或实际角色扮演的方法对所要培训的技能进行示范。示范的内容可以是一项教学技能或一个课堂教学的片段，也可以是一节课的全过程，但要尽可能侧重单个技能的运用，再结合综合技能的运用。

3. 注重对学生微格教学教案的指导

备好课是上好课的先决条件。因此，指导教师在观摩微格教学示范片或教师的现场示范后，要组织学生进行课堂讨论，分析示范教学的成功之处及存在的问题。通过大家相互交流、沟通、集思广益，酝酿在学生的教学设计中应用该教学技能的最佳方案，为编写教案做好准备。然后，让学生从教学目标、教师的教学行为、时间分配及可能出现的学生学习行为及对策等方面进行教学设计并撰写教案。此外，指导教师还要指导学生在完成某个教学技能的教学后，针对教学中教师及同学提出的不足进一步修改教案，为下次教学做好准备。

4、微格教学中要注意及时反馈并进行反复训练

学生有效教学技能的形成需要一定的强化，而强化的一个最佳手段是提供直接的第一反馈。微格教学中来自录像的反馈就属于第一反馈，所以能起

到最佳的强化作用，使有效的教学行为得以固定。录像、录音等现代化视听设备的应用能重现整个教学过程，能反复演示每一个细节。这样可以促进学生的训练反思，使学生的教学反思有依据，分析有把握，评价也就更准确。同时，强化越及时，效果就越好。因此，在微格教学中，指导教师要让学生上完课后立即观看自己的教学录像，并与教师和同学一起分析优点和缺点以利于下次教学训练。此外，强化还需要反复。因此，指导教师要让学生就某一教学技能进行反复训练，强化其有效的教学行为，使教学技能不断提高。

5. 注重提高学生评价意识，促进集体反思

在微格教学中，指导教师要注重学生自评、同学评价和教师评价的结合，既评优点又指出不足，因此指导教师要认识到微格教学训练除重点训练和提高学生的基本教学技能外，同时还要着眼于提高学生的评价意识，以达到提高学生对教学技能的观察和鉴别能力的目的。此外，在微格教学训练中，试讲学生可与同伴一起观察自己的教学实践，与同伴就实践问题进行讨论和切磋。因此，指导教师要注重在微格教学过程中学生之间的合作学习和共同提高，促进集体反思，提高训练效果。

6. 加强教学设计创新能力的培养

教学创新能力是指教师在整个教学过程包括从教学准备开始到教学实施再到教学评价中体现出来的应变能力以及形成自己独特的教学机智和教学风格的能力。实施创新教育，培养学生的创新意识、创新精神和创新能力，这是课程改革的共识。因此，高等师范院校要注重培养学生的教学创新能力，指导他们在教学中不要一味地模仿，而要充分发挥自己的特长，形成自己独特的教学机智和教学风格。

训练作业

（1）加强观摩微格教学示范片的学习或指导教师的现场示范学习。

（2）进行一个课堂教学片段的设计，体现出自己的教学创新能力。

思考题

对照微格教学训练中常见的问题，想一想你有哪些方面需要提高。

项目 2 教学技能"常见病"分析及其矫正

训练目的

认识教学技能"常见病",掌握其矫正方法,能在教学实践中自觉纠正不良的教学技能行为。

训练内容

多年来,我们观察了许多高等师范院校学生在试教练兵和中学教学实习中运用各项教学技能的情况,还到中学听了不少中学生物教师的生物课,发现很多教师在运用各项教学技能时存在不少问题,我们把这些问题统称为"常见病"。这些"病"不仅普遍存在于实习生中,而且也存在于中学教师中。因此,我们把这些"病症"整理总结出来进行分析,并提出纠正方法,供高等师范院校学生在试教练习和教育实习教学中参考、借鉴。

一、导入技能"常见病"分析及其矫正

序号	病例	分析	纠正方法
1	导入设计平淡	导入不能激发学生学习的兴趣和积极性	紧扣新旧知识的联系,启发学生的思维,制造悬念
2	导入类型单一	在导入新课时使用单一的导入方法,例如经常使用衔接导入法,不会根据教学内容的特点选择最佳的导入类型	根据教学内容的特点和教学重点选择导入类型
3	缺乏段落导入	在一节课中的教学段落之间没有较好的导言过渡	根据教学段落之间的关系设计出较好的导言过渡

（续上表）

序号	病例	分析	纠正方法
4	导入时间太长	新课导入内容太多，费时太长，超过 5 分钟	新课导入内容应该精练，导入时间控制在 2~3 分钟内
5	导入语言平淡	语言平铺直叙，没有启发性	语言必须生动有趣，丰富幽默。应不断扩大知识面，增加文学修养
6	导入没有创新性	不能创设独特的教学导入情境	根据教材内容、教学目标和教学重点等创设独特的教学导入情境

二、教学语言技能"常见病"分析及其矫正

序号	病例	分析	纠正方法
1	普通话水平低	由于有些学生平时较少讲普通话，没有严格要求自己，所以上起课来普通话不流畅，地方口音重，尤其是一些客家音和普通话相差较大的字，学生常读不准普通话音，甚至闹出笑话	平时加强普通话的训练。对于特别易读错音的字，应查字典学习，加强练习
2	语速太快	用日常习惯的语速去讲课，语速太快，不符合教学要求	不应该用日常习惯的语速去讲课，而必须受课堂教学自身规律的制约。课堂教学的语速以每分钟 200~250 字为宜
3	语言冗长、啰唆，有"口头语"	语言不简明，重复多，表达内容不准确。常见"基本"、"啊"等"口头语"	吃透教材内容，语言要精练、准确。用词确切，避免"口头语"
4	语言不流利	语言不通顺、不连贯	熟悉教学内容和教案讲稿

（续上表）

序号	病例	分析	纠正方法
5	语言的情感性差	语言缺乏节奏、吸引力、感染力，没有激情	吃透教材，动之以情，讲课时要有激情
6	启发性差	讲解知识平铺直叙多，启发性讲解少	善于理论联系实际，加强启发诱导，力求讲解生动活泼
7	形象化差	讲解知识未联系实际，缺乏趣味性、生动性。语言的形象化对实习生而言，是较高的要求	在保证科学性的基础上，化抽象为形象，化静态为动态，化深奥为浅显，化生疏为熟悉

三、讲解技能"常见病"分析及其矫正

序号	病例	分析	纠正方法
1	讲解时死记教案	不能面向全体学生讲课，没有注意学生的反应，讲解时背教案	平时加强讲解训练，熟悉教学过程，加强师生互动
2	讲解声音太小	讲解声音太小，教室后半部分的学生听不清楚	讲解声音应洪亮，让教室最后一排的学生也能听清楚
3	讲解概念不清楚，死记硬背概念	没有讲清楚概念的来龙去脉，死记硬背概念	在学生观察、回忆的过程中，启发他们发现问题和提出问题，引导他们对事物进行分析、比较，对一系列具体有共性的因素进行综合、概括，找出事物的本质属性，进而抽象为概念。用简练准确的语言对概念给出确切的定义，指出概念所能适用的条件和范围

（续上表）

序号	病例	分析	纠正方法
4	讲解发生科学性错误	科学性错误容易发生在试图作通俗生动讲解、深入浅出、化繁为简的时候，容易发生在用语绝对化、夸张事实和比喻不恰当的时候	深入钻研教材，用正确的语言表达内容。防止片面地追求通俗、生动而发生科学性错误
5	讲解没有激情	讲解语言平淡，缺乏吸引力和感染力，没有激情	在吃透教材的基础上，讲解时真情流露，有激情
6	讲解没有启发性	讲解知识平铺直叙，语言没有启发性，没有使用有效手段激发学生学习兴趣	善于创设问题情境，激发学生的学习兴趣。加强直观，善于激疑，开拓学生思维
7	讲解不生动形象	讲解知识缺乏联系生产和生活实际，讲授语言没有感染力，缺乏趣味性和生动性	善于理论联系实际，力求讲解生动活泼。在保证科学性的基础上，化抽象为形象，化静态为动态，化深奥为浅显
8	讲解的应变性差	在讲解过程中出现问题时不能灵活应变，解决问题	及时发现问题，讲解灵活多变
9	讲解的系统性和逻辑性差	没有抓住各部分内容的内在联系和知识的系统性，讲解时条理不清楚，层次不分明，逻辑性差	讲解时必须抓住各部分内容的内在联系和知识的系统性，做到由浅入深、由易到难、条理清楚、层次分明和逻辑性强
10	讲授时间分配不恰当	各个教学环节所用的时间和各项知识点的讲授时间分配不合理，常出现前宽后紧或讲不完的情况	设计好各个教学环节所用的时间和各项知识点的讲授时间，要有利于突出重点、突破难点
11	重点不突出，或难点没突破	没有提供丰富而直观的感性材料，不能运用各种教学方法和合理组合运用各种教具来突出重点、突破难点	课堂上要提供丰富而直观的感性材料，采用各种教学方法和优化组合各种教具来讲解重点、突破难点

四、提问技能"常见病"分析及其矫正

序号	病例	分析	纠正方法
1	问题流于形式	问题过于简单。课堂上常使用关键词为"是不是"、"谁"、"什么"、"哪里"、"什么时候"等的提问，学生往往对此类提问不感兴趣	在一堂课中，检查性提问不宜过多，更不宜连续进行
2	提问频率失当	在一堂课中，提问过多或过少，造成学生思维的疲劳或停滞	围绕教学重点和难点而精心设计问题，提问次数适宜
3	问题类型单一	经常使用知识水平的提问，问题类型单一化。较少提出理解水平的问题，不会提出应用水平、分析水平和综合水平的问题	根据教学进程和教学要求提出不同层次水平的问题，激发学习兴趣，启发思维
4	提问方法单一	使用直问法设问，问法单一。较少使用曲问法、反问法、对比法和疑问法设问	根据教学内容和教学要求，做到问法要新颖，角度要多变
5	表述问题不清晰	表述问题不清晰流畅，表现在不善于用音调、语速、音量的变化来突出问题的关键，学生不易领会教师意图，不能使思维迅速定向	表述问题要清晰流畅，教师要善于用音调、语速、音量的变化来突出问题的关键，让学生迅速理解题意
6	提问后不作停顿	提出问题后不作停顿，没有给学生思考的时间，就直接叫某个学生回答，学生来不及思考问题	面向全班学生提出问题后，要给学生思考的时间，同时环视全班，使不同层次的学生都能够参与回答。教师应根据具体问题的难易程度、学生的实际水平及课堂上敏锐的观察来灵活确定给多长的思考时间

（续上表）

序号	病例	分析	纠正方法
7	缺乏导答艺术	个别学生被指定回答问题时，有的教师没有认真倾听学生的答案，不会使用恰当的体态语来引导、鼓励学生大胆回答问题，没有通过恰当的提示来帮助学生思考、回答问题	个别学生被指定回答问题时，教师应认真倾听学生的答案，态度要友好，要有耐心，并伴有恰当的体态语，如在学生思路正确时，轻轻点头、微笑，让学生得到肯定的信号，鼓励他大胆说出来；在学生思路不正确时，轻轻摇头、皱眉，表示"不对，请再想一想"，这样学生更易接受。教师不要急于表态，并同时注意观察全班学生的情况。若学生答得不完整，教师要注意提示。若学生回答有错误，可请其他学生更正。且允许学生答案多样化，培养学生的求异思维，允许有发展、有创新
8	缺乏评价艺术	表现在学生回答问题后，教师没有先发出"请坐"的指令，让学生一直站着；不会结合学生回答的实际情况，对答案进行简要明确的评价。使用评语不恰当，批评时不心平气和等	学生回答问题后，教师应先发出"请坐"的指令，然后再结合学生回答的实际情况，对答案进行简明的评价。对学生的评价要恰如其分。使用评语要谨慎，多用温馨鼓励的评语，即使批评也要心平气和、心怀善意。褒语要有鼓励性、有变化，例如"很好"、"说得好"、"哦，你懂得真多"、"有道理，有说服力"、"好啊，你考虑问题还真全面"等

五、变化和强化技能 "常见病" 分析及其矫正

序号	病例	分析	纠正方法
1	不善于用目光接触	讲课时，只想着自己的教案，望着天花板或地板，或只对着黑板讲课，不敢大胆地看学生，不会用目光调控和管理学生	经验丰富的生物学教师在课堂上总是注意目光的变化，使每个学生都处于他的视线之内，这是控制和管理学生注意力的有效方法。例如，他们会把目光较长时间地停留在做小动作的学生身上，使他们知道教师已经注意到了，现在没有点出他们的姓名是在看他们能否立刻改正。教学要产生"动之以情"的效果，主要来源于教师的亲切、宽容、信任、期待、鼓励的目光
2	面部表情不自然	面部表情紧张，不会使用微笑教学	教师的面部表情变化应恰当、自然。教师的微笑是随着教学进程的需要和课堂上的变化而产生的真情实感的流露，要善于使用微笑教学
3	身体动作不合理	教师在教室里身体位置的移动和身体的局部动作的变化不合理。有的教师在教学时一直呆板不动地站在讲台中央，而有的教师又过分频繁地走动或走动的幅度太大，从而分散学生听课的注意力。有的教师站样不良，站立时双臂交叉、双腿交叉或双腿不停地抖动等。在教学中不会运用恰当的手势和头部动作来辅助教学	一般来说，生物学教师在教学时不应一直呆板不动，身体姿势或动作应随着教学内容和课堂状况的变化而变化，包括头、手臂、脚步、身体的上半身等的变化。但是，教师的身体动作不应变化太大。教师在教学中应该"走有走相"、"站有站样"。教师应该适当变换手势，以表现积极的情绪和吸引学生的注意。教师头部的变化也有重要作用，教师恰到好处地点点头，能有效地鼓励学生。生物学教学中手势的运用特别重要，生物体或局部形态结构的大小、形态，细胞的形态结构，以及动物的某些行为等，都可以通过手势和身体姿势的巧妙配合，更加形象生动地加以表达

（续上表）

序号	病例	分析	纠正方法
4	缺乏语言节奏的变化	讲课时语言平淡，缺乏语言节奏的变化，使学生一片茫然，不得要领	语言节奏是指讲课时语音、语调的高低和讲话的速度。语音要清晰流畅，语调要抑扬顿挫，讲话要快慢适度。一般来说，讲话速度要根据讲课内容和学生情况而定。重点要反复地讲，难点要缓慢地讲，一般内容要简明扼要地讲。这样就能使学生在教学节奏中把握最重要的东西
5	缺乏教学媒体的变化	在教学活动中，教学媒体单一，没有将传统媒体和现代媒体相结合使用。或不恰当地使用过多的媒体，分散了学生的注意力	各种媒体都有自己的特点和功能，又有其局限性，教师在教育活动中应该注意教学媒体的变化，把多种媒体进行优化组合，取长补短，互相补充，综合利用。但教学媒体的变化必须适度、合理，要依据不同的教学任务、教学内容及学生的需要和水平进行选择，而不是多种媒体的简单堆砌，也不是用越先进的媒体，效果就越好
6	缺乏体态语言强化	在课堂上，没有运用非语言因素的身体动作、表情和姿势来表达教师的态度和情感，不善于激发学生的学习兴趣并将其注意力集中到教学活动上	常用的体态语言有：微笑、手势、目视、鼓掌、点头或摇头、接近或接触等。一个会意的微笑或一种审视的目光，都可以把教师的情感正确地传递给课堂里的每一个学生
7	不善于用符号强化	对重点、难点和需要区分之处的板书不善于采用加彩色圆点、曲线或方框等标志来强化教学活动	符号强化又称标志强化，是指教师用一些醒目的符号、色彩的对比等来强化教学活动。如：在作业中加评语、五星等；重点、难点和需要区分之处的板书加彩色圆点、曲线或方框等标志，引起学生注意；在演示实验中，在观察的重点处加标志、说明等，强化实验的目的

六、演示技能"常见病"分析及其矫正

（一）演示实物、模型等教具

序号	病例	分析	纠正方法
1	讲台上的演示物过小	在讲台前演示的实物过小，如文昌鱼浸制标本、蝗虫、活的青蛙等，不易使后面的学生看清楚	如果实物数量少，可用巡回演示法，或准备足够的数量，用分发实物观察或传递法让学生观察清楚
2	演示物的位置过低	把演示物放在讲台上，或教师的演示动作过低，看不见的学生不得不站立起来观看，这样容易引起被挡住视线的学生的埋怨	做一张能自动调节升降的小凳子，这样就适用各班学生高矮不等的情况
3	没有交代模型的大小比例和"表示色"	例如叶的模型，把上表皮画成白色；茎的结构模型，把筛管画成红色等，这都是为了看清楚结构，而模型的"表示色"不是原色。不讲清楚，学生就会有误解	使用时应交代清楚模型的比例大小和"表示色"
4	演示物一出现教师就一讲到底	教师把活的生物体、标本或模型展示给学生，就立即滔滔不绝地把内容讲得很详尽，不留给学生思考和观察的余地，这不利于学生提高思维和观察能力，是注入式的教学	善于启发引导学生观察，促使学生积极地思考
5	演示动作不规范、不准确	在演示中动作不规范，甚至错了也不知道。这样会给学生带来很大的危害，因为学生学到的是不规范的或错误的动作	严格要求，反复训练，身教重于言教

（二）演示挂图的教学

序号	病例	分析	纠正方法
1	出现时机不对	在讲新课时，上课前或一开始就把新挂图展示给学生，这样学生就会被挂图吸引而分散听课注意力，等到讲授新课需要学生注意挂图时，他们反而不注意了	正确的做法是等到需要时才展示给学生，注意演示的及时性
2	突然出现挂图	突然出现挂图，没有演示挂图前的过渡性语言，学生没有做好心理准备	演示挂图前有简短而具有启发性的过渡语言，使学生产生渴望挂图出现的情绪，帮助学生做好观察挂图的心理准备
3	缺乏对挂图的说明	没有对挂图跟实物的比例、方位等关系加以说明	对挂图做好"序言性"的说明
4	指示挂图图不确切	用手指指示挂图常出现指示精细位置不明确，或因手掌遮挡其他部位而妨碍学生观察	使用教鞭（带红尖端以示注意）来指图讲解，做到该点不动，线、面指示清楚
5	过分忙碌，在讲台上走来走去	演示讲解不分主次，板书文字过多，且板书文字与挂图相距较远，导致在讲台上过于忙碌	适当缩短挂图与板书的距离，做到讲解、板书、指图三者有机结合，有主有从，总结时才板书
6	包办演示讲解	挂出挂图后就滔滔不绝地讲解，不组织学生观察挂图，不给学生观察和思考的时间，不善于利用挂图启发引导学生观察来获得知识，表现为包办讲解	组织学生认真观察，让学生有思考的余地，并进行启发讲解，引导观察

（三）演示黑板画

序号	病例	分析	纠正方法
1	板画技能差	板画技能差，所画特征不突出和不简化	掌握板画绘制原则，多留心观察各种生物体的形态特征，多多练习。在练习时，先在纸上画到一定程度后再在黑板上画。只要有耐心反复练习，就一定能把板画画好
2	涂涂改改所花时间多	在教学中绘制板画时总是涂涂改改，笔画生硬，不能快捷地画出图形来	方法同上，应努力做到简、快、准
3	边讲边画能力低	由于绘图技能差，难以做到边讲边画，给学生以动画感，这一问题在实习生中普遍存在	认真钻研教材，在教案中画出简图，掌握边讲边画的基本功
4	重点不突出，层次不分明	在画板画时重点不突出，画面层次难于分辨，不利于帮助突出重点、突破难点	合理使用彩色粉笔，因其易于突出重点、突破难点，易于分辨，效果极佳

（四）投影教学

序号	病例	分析	纠正方法
1	从教师的位置看，投影器安装在讲台的左侧	在进行投影教学时，大多数人用右手放置投影片、在投影片上写字、指示讲解内容、操作动片，把投影器放在左边，不方便操作	把投影器放在讲台的右侧
2	银幕挂得太低	银幕下部所投映的内容被投影器或讲台遮挡，使学生不易观看到甚至看不到	把银幕挂高一些，银幕离地约 1.3 米

（续上表）

序号	病例	分析	纠正方法
3	投影片的字体太大或太小	字写得越大，需要的投影胶片就越多，换胶片的次数也越多，既浪费胶片又不方便；字写得太小，则后排的学生看不清	60座以下的课室，银幕宽1.5米，投影胶片上的字为13毫米×11毫米。这样可使最后一排学生看清又不致字体太大
4	字体不规范、潦草、歪斜	字体不规范会向学生传输错误的信息，字体潦草、歪斜会使学生难以看清，从而影响教学效果	按规范文字书写，不要使用不规范的简化字，字体要工整
5	手工绘制或复印的投影片画面太小	画面太小，投映到银幕上只占银幕的一部分，既浪费银幕的有效面积，又使学生不易看清画面	设计制作投影片画面时应心中有数，注意画面构图，使画面差不多充满整张投影胶片
6	频频开关投影器	频繁开机关机，银幕上时亮时暗，不但会刺激学生的眼睛，而且会影响学生的情绪。高亮度投影器要触发器启动，启动电压很大，启动后1~2分钟才能频繁开机关机。频繁开机关机会使电器元件受到较大电流冲击而导致寿命缩短	暂时停用几分钟，不必关机
7	投影片的画面投映到银幕上的时间太长或太短	投映时间太短，学生看不清所有的内容，更没有足够时间抄笔记。投影时间太长又会浪费时间，使教学效率降低	适当控制放映时间，如要做笔记，应观察学生，如绝大部分学生已停笔，可换另一张投影片
8	正在讲解的内容投映在银幕下部	银幕下部易被投影器或前排学生遮挡，使后排学生较难观看到	把投影片上移，使正在讲解的内容投映到银幕的中部或上部

（续上表）

序号	病例	分析	纠正方法
9	投影片放置歪斜	投到银幕上的画面歪斜，甚至部分画面落在银幕之外，影响教学效果	经常观察银幕的放映效果，及时纠正
10	随便使用一些物体压着投影片	有时投影片会卷曲或被风吹起，可用重物压住，但不宜用锁匙、粉笔、粉笔擦等杂物作为重物随便压在投影片上，以免把重物的形状投映到银幕上而分散学生的注意力	准备两条280毫米×30毫米×3毫米的塑料条、木条或纸板专用压条压着投影片，使投影画面干净整洁

（五）演示 PPT 教学

序号	病例	分析	纠正方法
1	PPT 画面过于花哨	一张 PPT 上五颜六色，令人眼花缭乱，效果差	PPT 画面应简明、醒目，以白底黑字为主
2	PPT 上的插画使用不当	PPT 上的插画与教学内容无关，生拼硬凑	PPT 上不能有与教学内容无关的插画
3	PPT 上的播放按钮设置不合理	PPT 按钮播放发出响声或出现投弹式播放等现象，干扰和分散学生的注意力	PPT 按钮播放时不要发出响声，尽量不用或少用投弹式播放等设置，以免干扰和分散学生的注意力
4	PPT 上的文字过多	PPT 上的文字过多，或直接把教材内容拷贝过来，重点不突出	PPT 上的文字不能过多，应简明精练，这样有利于突出重点

七、板书技能"常见病"分析及其矫正

序号	病例	分析	纠正方法
1	粉笔字书写水平低	粉笔字基本功差。常见笔画、笔顺不规范；字体不端正；字体大小不一；横行写不平；出现错别字等	学习和掌握粉笔字书写方法，平时加强粉笔字书写练习
2	粉笔字板书字体太小	粉笔字板书字体偏小，学生不容易看清楚	要求粉笔字板书字体大小适中，最后一排视力正常的学生可看清楚
3	正、副板书位置不恰当	正板书中常见课题板书不在黑板中央的上方，且位置太低，影响板书提纲的书写布局，致使主板书在课堂中不能保留完整。副板书中常见副板书占据着主板书的位置，没有做到择要保留	课题板书的位置一般在黑板中央的上方，留出足够的空间书写、布局主板书，且一般保留于课堂教学的全过程。副板书的位置在主板书的两侧，一般随教学进程的发展随写随擦或择要保留
4	板书不及时	上课时没有按照教学进程及时、适时地书写板书提纲、教学结论及副板书内容等	教学板书内容在上课前就要有周密的安排，上课时教师要按照教学的步骤及时、适时地书写出来
5	板画水平低	在教学中绘制板画时涂涂改改，不能快捷地画出图形来；难以做到边讲边画；不会合理使用彩色粉笔来突出重点、利于分辨等	在教案中画出简图，掌握边讲边画的基本功；合理使用易于分辨的彩色粉笔来突出重点；板画做到简、快、准
6	缺乏强化	对重点、难点和需要区分之处的板书内容不善于用彩色粉笔加圆点、三角圈、曲线或方框等标志来强化	合理使用彩色粉笔来强化板书，使重点、关键词句醒目，字句得到强化

（续上表）

序号	病例	分析	纠正方法
7	板书设计不合理	板书提纲形式不能很好地为教学内容服务，形式单一化；主板书的条理性、直观性差；没有较好地突出重点、解决难点；板书没有特色等	板书设计应遵循两个原则：一是形式为内容服务的原则；二是符合认知规律即科学性原则。应特别注意"主板书"的条理性、直观性、简洁性、多样性和启发性，力求图文并茂、富有特色

八、结束和课堂组织技能"常见病"分析及其矫正

序号	病例	分析	纠正方法
1	归纳总结流于形式	新课讲授完成后，仅复述一遍板书提纲作为总结，没有采用有效的方法来巩固、活化所学知识，没有突出重点与难点	采用有效的方法来巩固、活化所学知识，突出重点与难点
2	不善于系统归纳	不善于采用有效的归纳方法来强化重点和突破难点	系统归纳时，可采用比较异同、概念图或列表对比等方式
3	练习环节不合理	练习题没有围绕重点和难点来设计，或题量过多做不完	练习题要围绕重点和难点来设计，题量要适中
4	拖堂现象	导入和讲授新课等环节时间控制不严格，致使总结巩固环节因时间不够而出现拖堂的现象	严格控制教学各环节时间，既不提前下课，也不拖堂
5	不善于管理课堂秩序	当课堂上出现迟到、看课外书、做其他功课、玩手机、交头接耳、东张西望、吃零食等不专心学习的行为时，不会用恰当的方法纠正学生的不良行为，而是停下来公开批评学生	处理一般课堂秩序问题，教师可用暗示的方法。如用目光暗示，或在暗示的同时配合语言提示。在这种暗示还不能起作用的时候，教师可边讲解边走向不专心的学生，停留在他的身旁，以非语言行为暗示或提示，不影响其他学生的学习。教师不宜停下来公开批评学生

（续上表）

序号	病例	分析	纠正方法
6	不善于组织课堂讨论	没有创设问题讨论情境；讨论题没有一定的层次和难度；缺乏教师的调控作用等	教师在组织课堂讨论之前，必须精心设计讨论题，创设问题情境，激发学生的内部动机，使学生成为课堂的主人。讨论题要有一定的层次和难度，使每一个学生都能参与到教学活动中，发挥每个学生的潜能，从而培养各种能力。在学生讨论的时候，教师应该在教室里走动，一方面要充分启发学生独立思考，鼓励他们各抒己见。对于静坐无言的学生，教师可通过鼓励并激发其表达的欲望，想方设法调动其积极性。另一方面，要关注学生集中讨论的热点和普遍疑惑的问题，关注课堂生成性的材料，以便在反馈时更有针对性，从而有效提高讨论效果

训练作业

加强教学技能训练，自觉纠正不良教学技能行为。

思考题

对照教学技能"常见病"，想一想你有哪些方面需要矫正。

模块6　生物学微格教学的考核和成绩评定

一、指导思想及考核依据

1. 指导思想

为了正确、客观、真实地给出高等师范院校生物专业本科生生物微格教学学科的成绩，提高教学质量，促进教学的全面改革，采用科学化的考核方法对考生进行基本教学技能水平测试。

2. 考核依据

参照基本教学技能考核评分表和生物学教学技能模拟授课评分表。

二、考试对象

高等师范院校生物专业本科生。

三、考核目标

考核目标分为：了解、理解、掌握与应用。

（1）了解。

微格教学的基本程序和方法，对其有一个正确的认识。

（2）理解。

每一项基本教学技能的原理和方法，每一项基本教学技能的评价指标要求。

（3）掌握与应用。

掌握每一项基本教学技能，包括生物教学的一些特殊要求。能根据教学任务和中学生的特点把教学技能综合应用于生物教学实践。

四、考核方式和成绩评定

微格教学技能训练是实践性的教学活动。在进行教学技能训练的过程中，要利用多种形式充分调动学生的积极性，让学生参加实践、讨论、评价等活动。最后依据基本教学技能考核评分表和生物学教学技能模拟授课评分表进行评分，两者各占 50 分，总分 100 分，综合评定教学实践活动成绩并将其作为考试成绩。每位学生的微格教学成绩为基本教学技能考核得分和生物学教学技能模拟授课考核得分之和。

五、考核评分表

1. 基本教学技能考核评分表

基本教学技能考核评分表

班级_____姓名_____成绩_____教师签名_____考核日期_____

请您对以下各项评价，在恰当等级画√，给出得分。本表满分 50 分。

评价指标		差	一般	较好	好	得分
I 导入技能 （5分）	1. 能面向全体学生					
	2. 能激发学生学习的兴趣和积极性					
	3. 与新旧知识联系紧密，承上启下，目的明确					
	4. 导入自然，衔接得当					
	5. 语言表达清晰、生动，情感充沛					
	6. 导入时间掌握得当、紧凑					
	7. 确实将学生引入学习的情境中					

（续上表）

评价指标		差	一般	较好	好	得分
II **语言技能** **（6分）**	1. 普通话的标准程度					
	2. 吐字清楚，音量、语速和节奏恰当					
	3. 语言通顺、连贯，语调有起有伏					
	4. 语言所表达的教学内容准确、规范，条理性好，并能促进学生理解					
	5. 语言富含感情，有激励作用					
	6. 语言简明，主次分明，但该重复的有恰当的重复					
	7. 语言有启发性、应变性					
	8. 使用神态语言，目光、表情、动作姿势恰当并能起强化作用					
	9. 运用语言与学生互动，学生学习积极性高					
III **讲解技能** **（8分）**	1. 达到教学目的，实现教学目标要求					
	2. 讲解能突出重点，讲解好难点					
	3. 为了解重点、难点提供了丰富而直观的感性材料，合理组合运用了各种教具					
	4. 逻辑性强或使用类比，讲解条理清楚					
	5. 注意理论联系实际					
	6. 加强启发、诱导，讲解生动活泼					
	7. 讲解符合科学性，用词确切，避免"口头语"，重点关键字词强调得当					
	8. 运用了提问，谈话与学生呼应，课堂气氛活跃					

（续上表）

评价指标		差	一般	较好	好	得分
Ⅲ 讲解技能（8分）	9. 讲解声音洪亮，注意随感情变化有起有伏，速度恰当					
	10. 讲解灵活多变，不死记教案，并能面向全体学生讲课					
	11. 注意分析学生反应，帮助学生深化、巩固所讲内容					
	12. 讲解能调动学生学习的积极性，有利于培养学生的思维、推理能力，即有利于培养学生的生物学能力和发展学生的智力					
	13. 各项知识点讲授时间分配恰当					
Ⅳ 提问技能（6分）	1. 问题内容明确，重点突出					
	2. 联系旧知识，解决新问题					
	3. 问题设计包括多种水平，举一反三，触类旁通					
	4. 把握好提问时机，促进学生思考					
	5. 表述问题清晰流畅，引入界限明确					
	6. 提问后适当停顿，给予思考时间					
	7. 提示适当，帮助学生思考					
	8. 认真听取学生的答案，及时掌握其他学生对答案的判断反应					
	9. 确认、分析答案并做出评价，及时纠正不足，使学生明确					
	10. 提问面广，照顾到各类学生，调动学习积极性					
	11. 对学生给予鼓励，批评适时恰当					

（续上表）

评价指标		差	一般	较好	好	得分
V 变化技能 （4分）	1. 音量、语调变化恰当					
	2. 声音的速度、缓急和停顿恰当					
	3. 强调恰当					
	4. 面部表情变化恰当，教态自然					
	5. 手势、头部动作变化恰当					
	6. 目光接触变化恰当，接触学生恰当					
	7. 身体移动适当、自然					
	8. 运用教学方法和教学媒体的变化					
	9. 触觉、操作活动使学生有动手机会					
	10. 教学重点、关键处强调恰当					
	11. 师生相互配合					
VI 强化技能 （4分）	1. 对学生的反应能及时给予强化					
	2. 强化方法符合学生的表现					
	3. 以正面强化为主，不用惩罚方法					
	4. 运用微笑、手势、目视、鼓掌、点头或摇头、接近或接触等恰当、自然					
	5. 教学重点、关键处标志强化恰当					
	6. 鼓励基础较弱的学生的微小进步					
	7. 运用教学媒体的变化或变换活动等的强化					
	8. 能随时注意获得教学反馈信息					
	9. 能利用反馈信息调节教学活动					
	10. 强化方法符合学生的年龄特征					

（续上表）

	评价指标	差	一般	较好	好	得分
Ⅶ 演示技能 （6分）	1.演示挂图出行时机恰当（及时性）					
	2.演示挂图前有"序言性"说明					
	3.阐明了图与实物的关系					
	4.能用教鞭指图，解说清楚、准确					
	5.挂图中不易看清楚的细微或复杂结构，能画放大图或辅助图配合主图					
	6.善于利用挂图，启发引导学生通过观察来获得知识					
	7.做到语言（讲解）、文字（板书）和指图三者有效结合起来					
	8.适当缩短挂图与板书的距离，不过频走动，讲解有主有从					
	9.演示物（实物、模型等）足够大，直观性和典型性好					
	10.演示位置恰当，光线适中（学生能看清楚）					
	11.演示准确，形象明显，直观性好					
	12.演示与讲解配合得当，善于启发引导学生观察，调动学生的积极性					
	13.演示中操作示范性好					

（续上表）

	评价指标	差	一般	较好	好	得分
VIII **板书技能** **（5分）**	1. 纲举目张，条理清楚					
	2. 较好地反映教学目的、重点，主次分明					
	3. 字迹端正、规范、整洁，无错别字					
	4. 最后一排视力正常的学生可看清楚					
	5. 正、副板书位置恰当					
	6. 板书简明扼要，又阐明了问题					
	7. 较好地解决了难点					
	8. 图文并茂，板书有特色					
	9. 板画做到简、快、准，板书、板画与讲解结合恰当，有利于激发兴趣和引起思考					
	10. 板书内容的科学性					
	11. 应用了强化板书（如彩色粉笔），使重点、关键词句醒目，字句得到了强化					
IX **结束技能** **（3分）**	1. 巩固、结束阶段有明确的目的					
	2. 巩固环节安排了学生活动（如练习、提问、小实验等）					
	3. 能及时发现和利用恰当的方法弥补学生的知识缺陷					
	4. 总结内容，突出课本的重点与难点					
	5. 有利于巩固、活化所学知识，并进一步激发学生的学习兴趣					
	6. 结束布置的作业及活动目的明确，且面向全体学生					
	7. 时间紧凑，不拖堂					

（续上表）

评价指标		差	一般	较好	好	得分
X 课堂组织 技能 （3分）	1.上课能面向全体学生，善于用目光、语言组织教学，效果好					
	2.目光暗示与语言配合，组织学生进入某种教学状态					
	3.及时运用学生反馈的信息，调整、控制好教学					
	4.不断变换教学方式，使学生始终处于积极的学习状态					
	5.运用恰当的方法，使不同层次、不同水平的学生积极听课					
	6.善于处理课堂内违纪等不利于教学的事件，懂得处理少数与多数、个别与一般学生的策略，方法恰当					
	7.教学进程自然、活跃，师生能相互合作					
得分合计						

2. 生物学教学技能模拟授课评分表

生物学教学技能模拟授课评分表

班级＿＿＿＿　姓名＿＿＿＿　成绩＿＿＿＿　教师签名＿＿＿＿　考核日期＿＿＿＿

请您对以下各项评价，给出得分。本表满分50分。

评价内容	评价指标	分值	得分
教学内容 （5分）	1. 善于把握生物课程标准，注重通过灵活地整合教学内容进行教学	1分	
	2. 讲授内容具有逻辑性	1分	
	3. 体现学科思想和价值	1分	
	4. 教学重点突出，注意利用学生已有知识经验进行知识建构，突破难点	2分	
教学过程 （15分）	1. 善于指导学生的学习，围绕重点问题和难点问题引导学生积极探究	2分	
	2. 教学中注重创设教学情境，师生互动默契，课堂气氛活跃、有序	2分	
	3. 教学方法运用合理，教具运用恰到好处	2分	
	4. 展现以学生为主体的教学理念，学生有效参与课堂学习，体现动脑与动手相结合	2分	
	5. 教学具有启发性、形象性和生动性	2分	
	6. 讲解逻辑严密、思路清晰、知识准确	3分	
	7. 灵活处理教学事件，体现教学智慧	2分	
教学技能 （15分）	1. 教学演示（或实验演示）规范、熟练	3分	
	2. 板书、板图和课件设计合理、科学、美观	3分	
	3. 提问富有启发性，问题分析准确、全面	3分	
	4. 使用普通话，语言生动清晰，表达准确，简洁易懂，语速适宜	3分	
	5. 有效控制时间，能灵活运用课堂活动组织的技巧	3分	

（续上表）

评价内容	评价指标	分值	得分
教学创新 （5分）	1. 内容创新：教学情境创设独特，教学内容理解独特	2分	
	2. 手段创新：实验手段设计效果显著，教具、多媒体课件设计、现代教育技术应用等有创意	2分	
	3. 形式创新：课堂教学活动组织、实施、过程评价有特色，互动性强，学法指导恰当等	1分	
教学效果 （5分）	1. 教学目标基本达成	3分	
	2. 促进了学生在知识、思维、方法、技能、情感态度与价值观等多方面全面发展	2分	
综合表现 （5分）	1. 着装整洁得体，教态自然大方，有自信心，亲和力强	1分	
	2. 科学、人文素养水平高，体现生物学科思想和价值	1分	
	3. 思维敏捷、灵活，逻辑性强	1分	
	4. 在课堂教学中能够体现课改新理念、新方法	1分	
	5. 具有职业精神，体现学生的主体性，教书育人	1分	
得分合计			

参考文献

［1］张凤艳.浅谈微格教学在学生教学技能培训中运用.吉林师范大学学报（自然科学版），2007（2）.

［2］王继红.微格教学在师范生技能训练中的作用.文学教育（上半月），2008（5）.

［3］杨华，陈梅佳.利用微格教学有效提高生物教师教学技能.中国科技创新导刊，2009（4）.

［4］姚冬香.高师院校开展微格教学实验的研究.阜阳师范学院学报（自然科学版），2001（3）.

［5］孙立仁.微格教学理论与实践研究.北京：科学出版社，1999.

［6］张晓勇，甘雷.浅谈微格教学.科技信息，2010（10）.

［7］田华文.探索微格教学训练模式　提高教学技能训练效果.电化教育研究，2003（7）.

［8］刘恩山.中学生物学教学论.北京：高等教育出版社，2009.

［9］陈浩兮.中学生物学教学法.北京：北京师范大学出版社，1987.

［10］谭达文.中学生物学教学法.桂林：广西师范大学出版社，1995.

［11］殷秀玲.初中生物概念教学探究.课程教材教学研究（教育研究版），2010（4）.

［12］袁春.生物概念错解原因探究及应对策略.中学生物教学，2003（3）.

［13］游隆信.生物学概念的教学策略.中学生物学，2005（5）.

［14］施良方，王建军.论教学的科学与艺术之争.课程·教材·教法，1996（9）.

［15］和学新.教学策略的概念、结构及其运用.教育研究，2000（12）.

［16］梁惠燕.教学策略本质新探.教育导刊，2004（1A）.

［17］何齐宗.论教学艺术的创造.江西师范大学学报(哲学社会科学版)，1994（1）.

［18］殷歌.初中生物学概念教学策略初探.新课程研究（教师教育）（下

旬刊），2012（8）.

　　［19］庄庆芬．新课程高中生物概念教学研究．新课程研究（基础教育）（上旬刊），2009（6）.

　　［20］袁维新，刘孝华．生物教学中促进错误概念转变的策略．生物学教学，2003（10）.

　　［21］师宗璞．新课改下的生物概念教学．甘肃教育，2007（11）.

　　［22］徐洪林．概念的课堂教学策略刍议．成都教育学院学报，2002（11）.

　　［23］刘瑛莹．传授生物学概念的几点做法．绥化师专学报，2002（2）.

　　［24］周裕志．浅谈生物教学中提问能力的培养．成功（教育版），2008（7）.

　　［25］黄玉环．生物课堂教学中的提问与反馈策略．科教文汇（下半月），2006（4）.

　　［26］吕淑珍．生物教学中的提问与反馈策略．教学与管理（理论版），2004（4）.

　　［27］朱晓燕．让学生学会提问——谈生物教学中学生问题意识的培养．福建商业高等专科学校学报，2003（6）.

　　［28］王丽芝．生物课堂教学中的提问艺术．山西教育（综合版），2005（9）.

　　［29］冯玉萍．高中生物教学中提问方式及运用．广西教育，2007（05B）.

　　［30］曾兴友．生物课堂教学提问技巧．中学生物学，2007（8）.

　　［31］李砚桥．生物课堂教学中的提问原则．成才之路，2008（8）.

　　［32］张艳．高中生物探究性学习中常见问题与解决途径．长春教育学院学报，2009（4）.

　　［33］张贵红．关注生物探究式教学的有效度．中学生物学，2008（1）.

　　［34］袁雪梅．有效开展生物探究式教学．广东教育（教研版），2008（4）.

　　［35］徐进利．生物教学中提问的误区与对策．教学与管理，2003（10）.

　　［36］高国新．多媒体在生物教学中的误区及对策．中国科教创新导刊，2012（21）.

　　［37］薛顺玲．新课改高中生物教学出现的问题及对策．科教新时代，2013（8）.

　　［38］丁娟．中学生物学实验教学的关键细节初探．生物学教学，2010（1）.

　　［39］甄宗秋．浅谈中学生物学实验教学的改革与创新．生物学教学，2006（9）.

　　［40］莫剑云．中学生物实验教学的有效策略．实验教学与仪器，2010（2）.

［41］吴志华，周德茂．简论微格教学评价标准的建立．教育科学，2003(6)．

［42］钱萌，程树林，程玉胜．微格教学综合评价系统设计与实现．重庆大学学报（自然科学版），2006（10）．

［43］高丽．微格教学中课堂教学技能评价的定量化研究．电化教育研究，2005（10）．

［44］李克东．新编现代教育技术基础．上海：华东师范大学出版社，2002.

［45］李克东，谢幼如．多媒体组合教学设计．北京：科学出版社，1992.

［46］陈海东．多媒体技术及其应用系统制作．北京：北京师范大学出版社，2004.

［47］李学农等．多媒体优化设计．广州：广东高等教育出版社，1996.

［48］袁锦明．运用多媒体教学软件进行诱思教学初探．生物学教学，2001（1）．

［49］张桂荣，朱天志，贾丽珍．微格教学技能训练的有效性研究．教育与职业，2007（3）．